Carolina Camba Fabal
Ana Isabel García Diez
José Luis Mier

Comportamiento tribológico de las fundiciones tipo "silal"

Carolina Camba Fabal
Ana Isabel García Diez
José Luis Mier

Comportamiento tribológico de las fundiciones tipo "silal"

Estudio tribológico de las fundiciones tipo "silal" con grafito esferoidal

PUBLICIA

Cover image: www.ingimage.com

Publisher:
PUBLICIA
is a trademark of
International Book Market Service Ltd., member of OmniScriptum Publishing Group
17 Meldrum Street, Beau Bassin 71504, Mauritius

Printed at: see last page
ISBN: 978-620-2-43121-7

Zugl. / Aprobado por: Ferrol, Universidade Coruña, Tesis Doctoral, 2012

ÍNDICE

INTRODUCCIÓN

1. FUNDICIONES

1.1. Historia e importancia de las aleaciones base férrea

La utilización de los metales marca dentro de la historia de nuestro planeta una etapa tan decisiva como los más sensacionales descubrimientos de nuestro moderno mundo contemporáneo. Su importancia es tal, que los sabios e historiadores no pudieron definir mejor las fronteras de las épocas o eras, que con palabras alusivas: edad de bronce o edad de hierro [1].

El abandono del uso de la piedra como materia prima natural y la búsqueda de mejores materiales, debía satisfacer la necesidad de fabricar herramientas y armas que, al hombre de entonces, le permitiera sobrevivir en un medio donde la competencia con los animales de la época era totalmente desventajosa, sin contar con las rigurosas condiciones de desenvolvimiento habitacional. Todo ello forzó la búsqueda de materiales y procesos para conformar metales, que se descubrirían al finalizar la edad de piedra, dando paso al nacimiento de la metalurgia.

La fundición de metales es una tecnología prehistórica, pero que aparece recientemente en los registros de la arqueología. Nació cuando los antiguos usaron las tecnologías del fuego, llamadas pirotecnologías las cuales proveyeron las bases del desarrollo de la fundición. Se usó el calor para lograr hierro esponjoso y el barro quemado para producir cerámica.

Los objetos metálicos antiguos que conocemos, tienen más de 10.000 años y no se produjeron por fusión, sino que fueron forjados; eran pequeños pendientes y collares, los cuales fueron martillados de pepitas de cobre nativo y no requirieron soldadura. El periodo arqueológico en el cual el trabajo del metal tomó lugar, fue el Neolítico.

La fecha exacta del inicio de la fundición como proceso no se conoce. Todo parece indicar que el hierro fue descubierto bajo el mandato del emperador chino FOU-HI aproximadamente en el año 5.000 A.C.

El empleo del hierro para aplicaciones útiles fue, sin duda, posterior al del oro, el cobre y el bronce. El cobre y principalmente el oro, que en aquellas épocas primitivas se encontraban puros sobre la superficie de la Tierra, fueron realmente los primeros metales en estado nativo utilizados por el hombre. [8]. Por simple martillado, seguido en ocasiones de sucesivos calentamientos, para quitar la acritud al metal cuando era necesario, se pudo fabricar adornos y objetos muy diversos. Luego se vio cómo esos metales puros, al ser calentados a altas temperaturas, fundían y podían ser colados en estado líquido en moldes de piedra arenisca o arcilla cocida y así se podía obtener por fusión y colada, según se deseara, objetos de adorno, armas, herramientas, ...

Análisis de objetos antiguos sugieren que la forja del metal se conoció antes de desarrollar la fusión de los metales; los hornos eran rudimentarios, no obstante, la evidencia demuestra la gran habilidad para lograr elevadas temperaturas, usando como combustible el carbón de leña. Los moldes eran de piedra. Se aplicó el tradicional uso de la piedra al trabajo de la pirotecnología. Las que se tallaban tenían textura blanda, como la esteatita y la andesita. La mayoría de los moldes eran abiertos y no necesariamente hechos para objetos planos, algunos moldes eran multitrabajo y tenían cavidades talladas en cada lado del bloque de piedra [2].

No se sabe ciertamente cómo se introdujo el fuego para el trabajo de los metales, pero existen hipótesis que atribuyen esto al azar, donde accidentalmente un incendio forestal provocaría las altas temperaturas necesarias para reducir rocas metalíferas, mostrando la forma de obtener mejor materia prima para el trabajo de los metales.

La obtención o fabricación del cobre partiendo de sus minerales (malaquita, cuprita y azurita) que es relativamente fácil, fue algo posterior. Se cree que la metalurgia del cobre comenzó en Sumer, Egipto, Creta, Chipre y Anatolia en los años 3000 a 6000 A.C. Posteriormente, al fundir conjuntamente minerales de cobre y estaño, se descubrió el bronce, que para muchas aplicaciones era de mayor interés que el cobre puro. Es más duro que el oro y el cobre, de más baja temperatura de fusión y, sobre todo, de mucha mejor colabilidad.

Las piezas de hierro más antiguas que se han encontrado y han podido ser estudiadas, se cree que son de procedencia meteórica y que fueron fabricadas por pueblos que vivieron antes del año 1500 A.C. Es difícil señalar con precisión la época y el lugar donde se fabricó por primera vez el hierro. Tampoco se conoce con exactitud cuál fue el primer procedimiento que se empleó para su obtención.

Los moldes fueron manufacturados en piedra blanda, donde tallaron la cavidad de la pieza a fabricar. Parece ser que inicialmente, se vaciaba cobre en moldes abiertos y que posteriormente en la edad de bronce, aparecería el vaciado en moldes cerrados, haciendo uso de una técnica que hoy se asemejaría al moldeo a la cera perdida.

Hay noticias bastante concretas de que el hierro era ya conocido en Egipto en épocas muy remotas, y que era considerado un metal precioso, muy difícil de conseguir en las épocas anteriores al año 1000 A.C. [3].

Hacia el año 800 A.C. la fabricación del hierro adquirió bastante importancia, y ya era conocida por la mayoría de los pueblos de Oriente Medio. Se sabe también que, en países como China o India, un poco alejados de estas zonas de influencia, fabricaban también hierro hacia los años 550 A.C.

Con el estado actual de nuestros conocimientos, se puede afirmar que la fabricación del acero se inició hacia el año 1200 A.C. El acero se obtenía por cementación, es decir, carburando el hierro dulce por la acción del carbono y del óxido de carbono a elevada temperatura. Hacia el año 700 A.C. ya se conocía el temple de los aceros, y hacia el año 500 A.C. se comenzó a utilizar el revenido.

El progreso en la fabricación de piezas cada vez más complejas tales como espadas, ruedas, campanas y otros objetos, desembocan en la aparición del hierro en la antigua Grecia en las vecindades del primer milenio A.C. Se puede decir que en la Grecia clásica, 500 A.C., el hierro era casi tan conocido y utilizado como el bronce.

En la época romana, el hierro era ya el elemento esencial para la fabricación de armas y herramientas. Los romanos favorecieron y activaron mucho su fabricación en todos los países que conquistaron, en especial en aquellos en los que el mineral de hierro era abundante, como España.

La rápida corrosión de este material cuando se encuentra en ambientes húmedos ha dificultado el conocimiento de la historia y desarrollo de los procesos siderúrgicos.

En la antigüedad, el hierro dulce se obtenía directamente del mineral y la madera necesaria para preparar el carbón vegetal se sacaba de los bosques que generalmente había en sus proximidades. El metal obtenido, con muy bajo contenido en carbono, se endurecía al ponerlo en contacto con materias carbonosas y nitrogenadas, generalmente de origen orgánico, mediante procesos que tienen el mismo fundamento que las actuales técnicas de cementación y nitruración. Esta técnica permanece invariable hasta la Edad Media. A partir de aquí, se van produciendo un perfeccionamiento de la metalurgia, en concreto mediante el empleo de conducciones de insuflación de aire. Se obtenía así una masa esponjosa y pastosa, mezcla de hierro y escoria que había que martillear repetidamente al rojo vivo para eliminar la escoria y las impurezas, al mismo tiempo que endurecían el metal, obteniendo así barras de hierro forjado resistente y maleable, que no era otra cosa que un tipo muy primitivo de acero. Dada la dificultad técnica de llegar a la temperatura de fusión del hierro, aún no se había conseguido material fundido (en estado líquido), ya que la temperatura de los hornos bajos sólo permitía la obtención de una masa pastosa (hierro pudelado). Cuando de forma accidental, aquellos hornos primitivos se calentaban en exceso, la masa pastosa pasaba a estado líquido con un alto contenido en carbono, lo que impedía su forjado debido a su fragilidad y por lo tanto ya no podían obtener hierro, por lo que era un producto de desecho. En realidad, habían obtenido el actual arrabio, el cual era preciso afinar para eliminar el exceso de carbono y obtener así el acero. Durante este período el combustible básico empleado en la industria siderúrgica era el carbón vegetal, por lo que este tipo de industrias se desplazaron hacia las zonas más boscosas donde se podía obtener con suma facilidad mediante la tala de árboles. Cuando se agotó el carbón vegetal se comenzó a emplear el carbón mineral en forma de hulla y por último el coque (obtenido por destilación de esta) [4].

Más tarde varias culturas trabajarían el hierro, apareciendo piezas aleadas, sin embargo, serían muchos años después, cuando se conocería la forma de reducir grandes cantidades de minerales ferrosos.

Antes de la Revolución Industrial, el acero era un material caro que se producía a escala reducida para fabricar armas, principalmente. Los componentes estructurales de máquinas, puentes y edificios eran de hierro forjado o fundiciones (aleaciones de hierro con un contenido en carbono entre 2,5% y 5%). Aunque en un principio la obtención de hierro en estado líquido (hierro colado) parecía poco menos que una desgracia, paulatinamente se fue descubriendo su verdadera importancia, ya que se trataba de la materia prima para obtener posteriormente el acero mediante su afino [5].

Lo que entorpecía el avance de la tecnología en el acero era la oscuridad en la que se encontraba. En el siglo XVIII se desconocía el motivo por el cual el hierro forjado, el acero y el arrabio eran distintos. No fue sino 1820 cuando Kersten planteo que era el contenido de carbono la razón de sus diferencias. El primer método para determinar con precisión el contenido de carbono en el acero fue desarrollado en 1831 por Leibig.

Las etapas que se sucedieron para llegar a este punto y que luego cristalizaron en los modernos altos hornos, fueron:

1. Sustitución del carbón vegetal por carbón de coque procedente de la destilación de la hulla.

2. Aumento de las alturas de los hornos, con lo que, unido a las características resistentes del coque, se conseguía aumentar las cargas y por lo tanto la producción.

3. Avivar la combustión del horno mediante el aumento de la ventilación y calentamiento del aire soplado, auxiliándose de potentes ventiladores y estufas de calentamiento.

El producto de estos hornos era una aleación líquida llamada arrabio que contenía abundantes impurezas. Por su baja temperatura de fusión, el arrabio servía como punto de partida para la fabricación de hierro fundido, al cual solamente se le debían eliminar las impurezas manteniendo un alto contenido de carbono.

El arrabio, ya en estado sólido, servía también para producir hierro forjado. Usualmente se introducía, en lingotes, en hornos de carbón de leña dotados de sopladores de aire. El oxígeno del aire reaccionaba con el carbono y otras impurezas del arrabio formándose así escoria líquida y una esponja de hierro. El hierro esponja, casi puro, se mantenía sólido y la escoria líquida se removía a martillazos.

En 1855 se produce un invento decisivo en la industria siderúrgica. Se trata del convertidor ideado por Henry Bessemer, el cual marca el camino en la elaboración del acero a partir del hierro producido en el alto horno.

La idea de Bessemer era simple: eliminar las impurezas del arrabio líquido y reducir su contenido de carbono mediante la inyección de aire en un convertidor de arrabio en acero. Se trata de una especie de crisol forrado de refractario de línea ácida o básica, y donde se inyecta aire a alta presión soplado desde la parte inferior, que a su paso a través del arrabio líquido logra la oxidación de carbono, además de elevar la temperatura por arriba del punto de fusión del hierro.

De esta manera el contenido de carbono se reduce desde el 4 o 5% hasta el 0,5%; además, el oxígeno reacciona con las impurezas del arrabio produciendo una escoria menos densa que asciende y flota en la superficie del acero líquido, aumentando su calidad.

Más tarde, en 1873, el proceso ideado por Bessemer fue completado por Thomas al conseguir convertir el hierro colado de alto contenido en fósforo en un acero de alta calidad.

Thomas probó que el convertidor de Bessemer transformaba exitosamente el arrabio en acero si la pared del horno se recubría con refractarios básicos (de óxido de magnesio, por ejemplo). Para eliminar el fósforo y la sílice del arrabio, añadió trozos de piedra caliza que reacciona con ambos para producir compuestos que flotan en la escoria. Esto no se podía hacer en el convertidor ácido de Bessemer porque la piedra caliza podría reaccionar con los ladrillos de sílice de sus paredes, consumiéndolos progresivamente.

Los hermanos Siemens desarrollaron la idea de calentar previamente el aire de combustión, con lo que lograron alcanzar temperaturas superiores a 1525 °C, necesarias para fundir el acero. Paralelamente los hermanos Martin consiguieron mejorar el sistema fundiendo una mezcla de arrabio y chatarra.

Nace de esta forma el proceso Martin-Siemens en el año 1865, el cual ha sido hasta hace relativamente poco tiempo el procedimiento más utilizado. Consta de un crisol, capaz de contener hasta 300 toneladas de acero, con un revestimiento básico con objeto de eliminar contenidos en fósforo del 1,7 al 2%. Se trata de un procedimiento muy versátil capaz de tratar una amplia gama de mezclas de arrabio y chatarra en una operación muy lenta, por lo que se puede controlar la composición química del acero de forma muy precisa. Actualmente, la tendencia de este procedimiento es la de desaparecer debido al precio de la energía, ya que necesita un elevado aporte de calor lo que encarece de forma notable el precio final del acero, aunque el acero obtenido sea de muy buena calidad.

Posteriormente surgió la idea de aplicar oxígeno puro en vez de aire. En 1952, en las ciudades austríacas de Linz y Donawitz, se empleó por primera vez este procedimiento de aplicar directamente oxígeno en los convertidores Thomas, denominándose por las siglas LD, iniciales de las ciudades antes mencionadas.

Es en esencia un desarrollo del antiguo convertidor Bessemer, en el que se sustituye el insuflado de aire por una inyección de oxígeno proyectado a una presión que oscila entre los 6 y 15 kg/cm^2. Este convertidor funciona sin aporte alguno de combustible o potencia eléctrica, ya que el oxígeno que actúa como oxidante, produce una reacción química que desprende calor de la combustión del exceso de silicio, carbón, fósforo, etc. contenidos en el arrabio, llegándose a alcanzar temperaturas del orden de los 2.500-3.000 ºC.

El proceso que se lleva a cabo en el horno alto puede ser dividido en dos grandes pasos:

- Transformación del mineral de hierro extraído de las minas en arrabio.
- Convertir el arrabio (o fundición de primera fusión) en acero.

Este arrabio obtenido del alto horno, se traslada al convertidor en estado líquido; aunque en algunas plantas se vacíe para formar lingotes, de ahí que en Inglaterra el arrabio sea denominado "pig iron".

El convertidor utilizado para la transformación de una mezcla de arrabio y chatarra en acero es el LD, descrito anteriormente, y sobre todo el de horno eléctrico, el cual es el procedimiento para fabricar aceros especiales más extendido hoy en día.

En el proceso de horno eléctrico, el sistema de aporte térmico puede ser por arco o por inducción, siendo el primero el más común en hornos de mediana y gran capacidad. Este horno posee tres electrodos de grafito en su parte superior que crean tres arcos eléctricos capaces de fundir la carga, pudiendo funcionar tanto sobre una masa fría de chatarra como sobre la superficie del metal líquido.

A partir de mediados del siglo XX se produjeron ciertas modificaciones en el proceso de fabricación del acero, las cuales tuvieron mucha importancia técnica y gran trascendencia económica. Estas innovaciones pueden ser clasificadas en tres grandes grupos:

- Concentración y aglomeración de minerales, entre las que cabe destacar la peletización y la sinterización, y la obtención del acero por reducción directa. De esta manera se consigue una mejora en la productividad.

- Mejora del proceso de afino del acero mediante el empleo del convertidor soplado con oxígeno, el cual ha desbancado al proceso Martin-Siemens por su mejor rendimiento económico.

- Empleo de la colada continua, que permite eliminar las instalaciones intermedias entre la acería y la laminación.

En las últimas décadas se han desarrollado los métodos de producción mediante la inyección de combustible y el aumento de las dimensiones de los altos hornos, técnicas de recuperación de calor, mejora de los trenes de laminación, automatización de las instalaciones, control de los medios de producción y otras medidas cuyo objeto es la mejora de la competitividad del acero frente al empleo de nuevos materiales de uso creciente en la actualidad.

1.2. Fundiciones

Las fundiciones son aleaciones de hierro y carbono, que generalmente contienen también silicio, manganeso, fósforo azufre, ... Son de mayor contenido en carbono que los aceros (2 a 4,5%) y adquieren su forma definitiva directamente por colada, no siendo nunca sometidas a procesos de deformación plástica ni en frío ni en caliente [3].

El carbono en las fundiciones puede existir de dos formas [6]:

- Combinado como cementita, Fe_3C.
- Carbono libre o grafito formado por descomposición de la cementita.

Si el carbono está como cementita, la fundición es dura, frágil y no se puede mecanizar. Se aprecia una fractura blanca cuando rompe y recibe el nombre de fundición blanca. Sin embargo, si el carbono está como grafito, la fundición será relativamente blanda, mecanizable y dará una fractura gris, denominándose fundición gris [66].

Los factores que afectan a la forma del carbono es las fundiciones son [6]:

- La velocidad de enfriamiento. A altas velocidades de enfriamiento se tiende a estabilizar la cementita dando fundición blanca, mientras que velocidades de enfriamiento lentas ayudan a la formación de grafito, dando lugar a fundiciones grises.

- Composición química.

    - Carbono. Disminuye el punto de fusión y, como indica el diagrama Fe-C, aumenta la cantidad de grafito en la fundición.

    - Silicio. Ayuda a la formación de grafito y tiende a formar fundición gris.

    - Azufre. El efecto directo es estabilizar la cementita y produce fundición blanca.

    - Fósforo. No tiene efecto sobre la forma del carbono en la fundición, pero sí sobre la fluidez, aumentándola debido a la formación de un eutéctico ternario, Fe-Fe_3C-Fe_3P, de bajo punto de fusión a 960ºC.

- Manganeso. Combinado con el azufre forma SMn e indirectamente ayuda a la formación de grafito por su efecto sobre el azufre. Sin embargo, el efecto directo del manganeso es estabilizar la cementita (esto sólo ocurre si la cantidad de manganeso es mayor que la que se requiere para formar SMn).

El empleo de la fundición para la fabricación de piezas para usos muy diversos, ofrece, entre otras, las siguientes ventajas:

- Las piezas de fundición son, en general, mucho más baratas que las de acero.
- Se pueden fabricar con relativa facilidad piezas de grandes dimensiones, y también piezas pequeñas y complicadas.

1.2.1. Fundiciones grises

La fundición gris o de grafito laminar es una aleación moldeada de hierro y carbono, estando este último elemento principalmente en forma de láminas de grafito [7].

En las fundiciones grises, que en la práctica son las más importantes y las que nos ocupan en la presente tesis, aparecen durante la solidificación y posterior enfriamiento, láminas de grafito que, al originar discontinuidades en la matriz, son la causa de que las características mecánicas de las fundiciones grises sean, en general, muy inferiores a las de los aceros, aunque sean suficientes para muchísimas aplicaciones [3].

Las propiedades de la fundición gris dependen de su estructura, es decir, de la forma y de la distribución del grafito y de la estructura de la matriz [7].

1.2.2. Fundiciones grises nodulares

La fundición con grafito esferoidal o dúctil se caracteriza porque el grafito obtenido en la reacción eutéctica, debido a ciertos elementos de aleación añadidos en cuchara, solidifica en forma de nódulos o esferas. Gracias a esa geometría del grafito, este tipo de fundición es mucho más fuerte y con mayor alargamiento que las fundiciones grises y las maleables. En ocasiones puede considerarse incluso un material compuesto en el que la matriz consiste en hierro dúctil con esferas de grafito dispersas en la misma.

Las mejores propiedades de resistencia y tenacidad de la fundición dúctil le confieren unas especiales características ventajosas como material estructural, frente a las fundiciones maleables y las grises. Además, no requiere un tratamiento térmico para producir la formación del grafito nodular, como es el caso de las fundiciones maleables. Su colabilidad es, de modo general, mayor que la de la fundición maleable.

Para su fabricación es necesario que los materiales de partida sean más puros, con lo que el fundido es más fluido, con excelente colabilidad, pero mayor tensión superficial. Los moldes y la arena utilizados deben ser rígidos, de elevada densidad y buena transferencia térmica. Durante la solidificación, la forma esférica del grafito provoca un aumento de volumen, que puede contrarrestar la pérdida del mismo debida al cambio de fase líquido a sólido, con lo que las mazarotas necesarias suelen ser mínimas. Al mismo tiempo, necesitan un menor sobredimensionado para compensar la pérdida de volumen durante el enfriado hasta la temperatura ambiente.

Es posible utilizar la fundición dúctil tal como se obtiene del molde ("as cast"), aunque si es necesario se les puede aplicar un tratamiento térmico. Cualquiera de ellos, excepto el "austempering", reduce las propiedades de resistencia a la fatiga. Un mantenimiento por debajo de 705 °C durante menos de 4 horas, mejora la resistencia a la fractura; calentamientos por encima de 790°C seguidos de enfriados rápidos (temple en aceite o en aire) reduce de forma significativa la resistencia a la fatiga y a la fractura a temperaturas superiores a la ambiente, al igual que si se aplica una ferritización a 900°C seguida de un enfriado lento. Algunas clases de estas fundiciones también pueden recibir tratamientos de endurecimiento, que dan lugar a matrices bainíticas e incluso martensíticas.

Mención aparte merece el tratamiento de "austempering" de las fundiciones dúctiles, en las que se obtiene una matriz de ferrita acicular (bainita) y austenita estabilizada. Estas fundiciones se denominan ADI (Austempered Ductile Iron). Posteriormente, esa matriz se transforma progresivamente de bainita a ferrita más perlita, luego a perlita más bainita, para finalmente obtener martensita. De esta manera se incrementa la dureza, la resistencia mecánica y al desgaste, aunque disminuye la resistencia al impacto, la ductilidad y la maquinabilidad. El producto final presenta una interesante combinación de resistencia mecánica y al desgaste con ductilidad. Las aplicaciones más habituales para las fundiciones dúctiles "austemperizadas" están en la fabricación de engranajes, piezas resistentes al desgaste, de gran resistencia a la fatiga y al impacto, ejes de cigüeñal, juntas universales, etc.

Las fundiciones dúctiles se pueden alear con cantidades pequeñas de Ni, Mo o Cu para mejorar su resistencia mecánica y dureza. Cantidades mayores de Si, Cr, Ni o Cu mejoran la resistencia a la corrosión, a la oxidación, a la abrasión y las hace útiles para aplicaciones a temperaturas elevadas.

Propiedades de las fundiciones grises nodulares

Las fundiciones dúctiles presentan en ciertos casos propiedades comparables con las de los aceros, por ejemplo, el módulo de elasticidad, que puede alcanzar valores de hasta 17500 kg/cm^2 cuando se encuentra en estado recocido. Presentan, además, valores de resiliencia y porcentaje de elongación muy por encima de las fundiciones, pero por debajo de los aceros. Los valores de límite de elasticidad varían entre un 65 y un 85% de la carga de rotura de acuerdo al tratamiento que se le realice a la fundición después de la inoculación [8]. Cuando la fundición es empleada en estado bruto de colada presenta una resistencia a la tracción de aproximadamente unos 70kg/mm^2 y un 3% de alargamiento. Cuando se desea una relativamente buena dureza y una aceptable ductilidad se recomienda utilizar fundiciones esferoidales que hayan sido sometidas a normalizado y revenido o bien a temple y revenido ya que se pueden obtener por medio de estos tratamientos resistencias a la tracción que varían entre 80 y 90 kg/mm^2 y porcentajes de alargamiento entre 1,5 y 2,0%. Conviene destacar la influencia del espesor sobre los resultados que se desean obtener, cuando se fabrican piezas delgadas se debe adicionar mayor cantidad de silicio, para evitar la formación de fundición blanca o bien en caso extremo utilizar elementos de aleación. La presencia de grafito contribuye al mejoramiento de la maquinabilidad que es similar a la de las fundiciones grises y superior a la de los aceros que presentan durezas similares. La fundición dúctil tiene el punto de fusión más bajo que cualquier otra aleación hierro-carbono, debido esto a que su composición está muy cerca del punto eutéctico, por lo que presenta mejor colabilidad y mayor fluidez que otras aleaciones hierro-carbono, es de destacar entonces su uso con gran regularidad para fabricar piezas fundidas de formas complicadas. Debido al porcentaje de carbono equivalente relativamente alto (4,3 a 4,7%) se puede fabricar en hornos de cubilote en los que se obtenga la temperatura necesaria y que se realicen los debidos controles de composición [9].

Clasificación del grafito

Al proceder a la clasificación de las distintas calidades de las fundiciones con grafito esferoidal pueden aplicarse criterios diferentes. Uno de los más utilizados es el que se refiere a sus características mecánicas. Este criterio coincide con la propia designación de la norma, sin embargo, la precisa caracterización de cada tipo de fundición exige tener en cuenta aspectos estructurales, ya que las características mecánicas en sí mismas pueden no reflejar el estado de calidad del material [10].

La norma ISO 945 especifica las propiedades que permiten caracterizar la fundición gris por [7]:

- la resistencia a la tracción
- la dureza

La designación de la microestructura es una característica muy útil que proporciona un medio de clasificar la forma del grafito, su distribución y su tamaño en la fundición [11].

La clasificación del grafito por medio de un análisis visual es un método establecido y reconocido en la industria de la fundición para determinar la microestructura global del global durante el proceso de fundición.

Cuando los materiales de la fundición se examinan al microscopio, de acuerdo con esta parte de la Norma ISO 945, el grafito puede clasificarse por:

- su forma, designada por números romanos del I al VI.
- su distribución, designada por letras mayúsculas de la A a la E. La designación de la distribución del grafito sólo se especifica para la fundición gris.
- su tamaño, designado por números arábigos del 1 al 8.

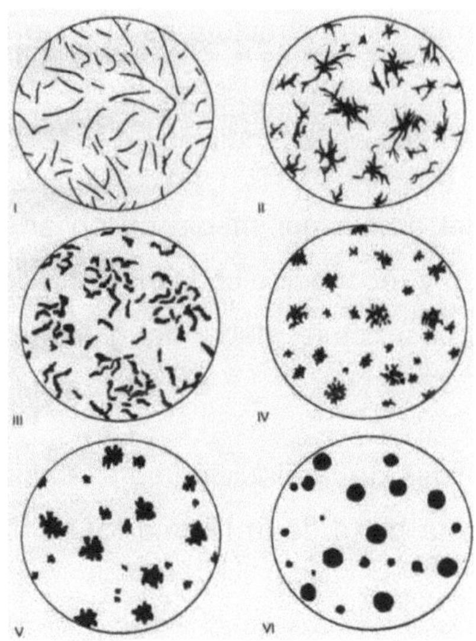

Figura 1: Principales formas del grafito en materiales de fundición

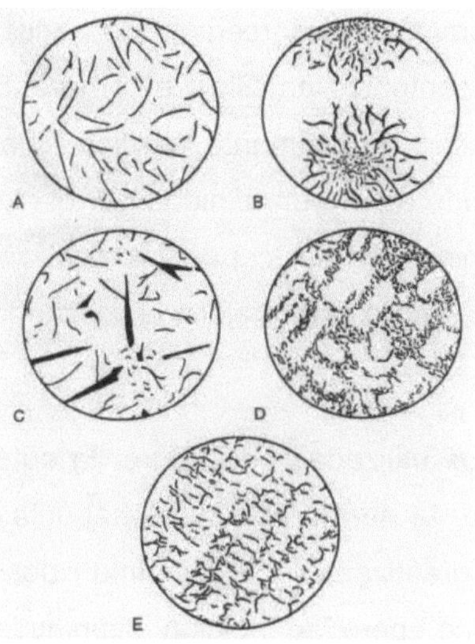

Figura 2: Imágenes de referencia para la distribución de grafito

1.2.3. Influencia del silicio en las fundiciones grises nodulares

El silicio se presenta normalmente en las fundiciones disuelto en la ferrita, no pudiendo observarse por lo tanto directamente su presencia por medio de examen microscópico [3].

Cuando se halla presente en pequeñas cantidades, entre 0,1-0,6%, no ejerce ninguna influencia importante, sin embargo, cuando está presente en porcentajes mayores ejerce una acción muy destacada.

El silicio es uno de los elementos químicos más activos en cuanto a las fundiciones grises se refiere, dado su carácter altamente grafitizante. Un incremento en el contenido en silicio de una fundición dúctil disminuye el porcentaje de perlita pero aumenta el de ferrita. Con un contenido en silicio entorno al 5% la matriz de la fundición se vuelve completamente ferrítica, o más exactamente, silico-ferrítica. Debido a su gran afinidad por el oxígeno, el silicio, al igual que el aluminio, forma capas protectoras de óxido en la superficie del material, lo que mejora la resistencia a la oxidación [12].

Entre los elementos utilizados para lograr la eutéctica de grafito y austenita evitando la formación de ledeburita, el silicio es el principal agente grafitizante. El aluminio, por ejemplo, es un grafitizante enérgico, pero su adición disminuye la colabilidad y suele producir defectos superficiales en las piezas. El fósforo, aunque grafitizante, puede producir cementita como resultado de una eutéctica ternaria de fosfuro de hierro, cementita y hierro. El níquel y el cobre son ligeramente grafitizantes (el silicio es cinco veces en peso más grafitizante que el cobre) y su empleo se justifica más bien cuando se quiere conseguir un efecto grafitizante en estado sólido [13].

Los porcentajes de silicio necesarios para evitar la formación de ledeburita en las fundiciones medianamente aleadas suelen estar comprendidos entre 2 y 6% [13].

Deben utilizarse contenidos altos en silicio cuando las velocidades de enfriamiento aumentan (o el tamaño de la pieza es más pequeño). Por otro lado, cuanto mayor es el contenido de carbono en el caldo, más rápida es la cinética de formación del grafito, más probable resulta la formación de éste, y en consecuencia menos crítico resulta el silicio [13].

Existen 2 tipos de fundiciones de alto contenido en silicio: “silal” y “durirón”. La primera de ellas, “silal”, contiene alrededor de un 6% de silicio, es estable al calor y ferrítica, y mantiene un aceptable equilibrio entre la resistencia al calor y la tenacidad. El “durirón” contiene entorno a un 16% de silicio, se comporta bien al calor (al hinchamiento y al descascarillado) pero tiene muy baja tenacidad. Disminuyendo el contenido en silicio respecto a las “durirón” la resistencia a la corrosión resulta algo menor, pero se mejora la tenacidad. Tal es el caso de las fundiciones “silal”. Estas solidifican dando eutéctica de austenita y grafito, y después de solidificar, tras un enfriamiento estable conferido por el silicio, acaban siendo ferríticas a la temperatura ambiente. Son pues fundiciones grises de matriz ferrítica, y a diferencia de las “durirón”, son mecanizables y más tenaces, ya que la ferrita, por tener en solución sólida menos silicio que la “durirón”, es menos dura y más tenaz [13].

1.3. Fundiciones con alto contenido en silicio

En la industria son muy empleados dos tipos de fundiciones de alto contenido en silicio. Una de 6,5% de silicio, aproximadamente, que es muy resistente al calor hasta temperaturas de unos 750ºC y otra de 15% de silicio, aproximadamente, que es muy resistente a ácidos y otras sustancias corrosivas [3].

Con porcentajes de silicio superiores a 6% las fundiciones no presentan por debajo de 1000°C puntos de transformación y su microestructura está constituida por ferrita y grafito. Al aumentar el contenido en silicio hasta 20%, aumenta la dureza de las fundiciones y se hacen más frágiles. Por ser de grano muy cerrado de naturaleza ferrítica, y no sufrir transformaciones microscópicas en los calentamientos, su resistencia a la corrosión es muy grande y también es muy notable su resistencia a la oxidación a temperaturas elevadas [13-18].

Las fundiciones con 5 a 8% de silicio y contenidos en carbono inferiores a 2.5%, forman un grupo muy característico, caracterizándose por no aumentar de tamaño a pesar de sufrir sucesivos calentamientos a elevada temperatura. Tienen una resistencia de unos 16kg/mm^2 y son bastante frágiles. En trabajos continuos se emplean para temperaturas hasta 750°C, mientras las fundiciones ordinarias no se pueden emplear para temperaturas superiores a 450°C. Estas fundiciones de 6% de silicio se conocen con el nombre de "silal" [3].

Este tipo de fundición fue desarrollado en la década de los años 30 por BCIRA (British Cast Iron Association) [19].

Esta fundición, al solidificar, da un constituyente formado por ferrita y austenita, pero la austenita se transforma durante el enfriamiento en ferrita (dado el carácter fuertemente grafitizante del silicio) que transforma el carbono en exceso de la austenita en grafito, quedando la austenita transformada en ferrita [18].

A pesar de todo, las fundiciones tipo “silal” son poco tenaces, y además, presentan baja resistencia al choque térmico. Por más que esa resistencia resulte mayor que la de las fundiciones grises ordinarias cuando la temperatura de servicio supera los 250ºC [18].

Las fundiciones de 12 a 16% de silicio y 0.7% de carbono, tienen alta resistencia a la acción del ácido sulfúrico y a gran cantidad de ácidos, lo mismo en caliente que en frío con excepción del ácido clorhídrico y del fluorhídrico calientes y concentrados. Con adiciones de hasta un 3% de molibdeno se consigue muy buena resistencia al clorhídrico, pero no hay en cambio mejora de las características mecánicas. Este tipo de fundiciones son conocidas con el nombre de “durirón” [3].

Puede mejorarse notablemente la tenacidad de las fundiciones tipo “silal”, y bastante su resistencia al choque térmico, mediante el empleo de níquel, para que la matriz resulte más austenítica. Por ejemplo, la fundición gris “nicrosilal” es austenítica y por lo tanto tenaz. Presenta excelente resistencia al descascarillado al aire hasta 815ºC, con un tope para su utilización en los 950ºC [18].

Todas estas aleaciones se caracterizan por ser de fácil colabilidad, aunque presentan mucho rechupe y su fusión tiene bastantes dificultades. Las piezas fabricadas con estas fundiciones son duras y frágiles como el vidrio, y únicamente pueden mecanizarse por rectificado o con herramientas de carburo debiendo evitarse los choques y los cambios de temperatura [3].

Las fundiciones con alto contenido en silicio se pueden mejorar añadiéndoles magnesio, lo cual fomenta la nodulización del grafito en dichas fundiciones.

Estas fundiciones se emplean para la fabricación de piezas que operan a temperaturas superiores a 900ºC. Si la atmósfera de trabajo contiene vapores de azufre, esta resistencia decrece [12].

Las fundiciones con alto contenido en silicio son relativamente frágiles.

La fundición gris nodular de alto contenido en silicio se fabricó para que tuviera una buena fluidez, superior a la laminar. Si contienen un 3% de magnesio, la fluidez es ligeramente inferior.

Estas fundiciones tienen una tendencia mucho mayor para formar rechupes debidas a contracciones que las fundiciones ordinarias, aunque sólo la mitad que las fundiciones de alta resistencia. Estos rechupes, en las fundiciones nodulares de alto contenido en silicio, tienen contornos más definidos y se encuentran principalmente en el centro de la pieza. A bajas temperaturas de colada se puede notar, además de las cavidades de contracción local, la aparición de poros. Además, si se les añade cromo o manganeso como elemento aleante, la tendencia a formar este tipo de defectos es todavía mayor [12].

Figura 3: Contracción formada dentro de la fundición

Otros rasgos característicos de este tipo de fundiciones es su elevada tendencia a la porosidad axial y a la formación de grietas durante el enfriamiento.

Las fundiciones con alto contenido en grafito tienen buenas propiedades mecánicas. A temperatura ambiente la resistencia a la tracción está comprendida entre 150 y 250MPa y el alargamiento es nulo.

2. TRIBOLOGÍA

El término tribología proviene del griego: tribos (rozamiento) y logía (ciencia). Por tanto, se entiende como tribología a la ciencia que estudia el rozamiento. [20]

Un gran número de procesos en la naturaleza y en la técnica dependen del movimiento de los cuerpos sólidos, líquidos y gaseosos. Una particularidad de todos los procesos de movimiento es la presencia de una resistencia a éste, es decir, de una fuerza opuesta a ese movimiento que se debe a la acción de la fricción. Si al menos uno de los elementos del sistema en movimiento es un cuerpo sólido, entonces el fenómeno de fricción va acompañado de desgaste, esto es, la pérdida gradual de material de la superficie de un cuerpo, como resultado del rozamiento del otro. Si los dos elementos del sistema son cuerpos sólidos, el proceso de interacción de las superficies se hace aún más complejo y, en general, el desgaste tiende a incrementarse. Para lograr una disminución de la pérdida de masa y del coeficiente de fricción como consecuencia de esa interacción es necesario introducir en el sistema la lubricación. La tribología tiene por objeto el estudio de estos tres fenómenos: la fricción, la lubricación y el desgaste [20].

Para analizar la importancia de la tribología basta hacer el análisis de tres aspectos:

- Significado económico. Cerca de 30% de la energía que se pierde en la industria mundial se debe a la fricción.

- Significado científico. Es bien conocido que todos los procesos macroscópicos en la naturaleza son irreversibles. La tribología es una ciencia necesaria para el estudio detallado de los procesos irreversibles que tienen lugar en la mecánica en cuanto a la interacción de las superficies en rozamiento, y que contribuye a explicar los fenómenos de la pérdida de energía en esa interacción.

- Significado interdisciplinario. Como la tribología es una disciplina técnica, para su estudio se necesita la concurrencia de la física, la metalurgia, la mecánica y la química.

Por último, cabe resaltar, que la tribología impacta prácticamente en todas las piezas en movimiento tales como rodamientos, chumaceras, sellos, anillos de pistones, embragues, frenos, engranajes, levas,... por lo que ayuda a resolver problemas en maquinaria, equipos y procesos industriales como por ejemplo: motores eléctricos y de combustión (componentes y funcionamiento), turbinas, compresores, extrusión, rolado, fundición, forja, procesos de corte (herramientas y fluidos), elementos de almacenamiento magnético, y hasta prótesis articulares (cuerpo humano). Es por ello que el problema del desgaste de materiales es común a todas las industrias, aunque con variaciones en cuanto a la forma de producirse y en cuanto a su magnitud. La consecuencia directa del desgaste es la generación de unos costes que pueden llegar a representar un alto porcentaje dentro de la actividad industrial. Esta pérdida progresiva de material puede conducir a la inutilidad de los objetos que lo padecen, por lo que se puede considerar un fenómeno destructivo y perjudicial, ya que en muchos casos implica la reposición de la pieza desgastada.

2.1. Historia de la tribología

El origen de este término es relativamente reciente, ya que fue propuesto por el Profesor H. Peter Jost en un congreso de Educación y Ciencia del Reino Unido en 1966 [21]. En dicho evento, la tribología se definió como "ciencia y tecnología de superficies en contacto con un movimiento relativo entre ambas y todas las materias relacionadas con ello" [22].

La fricción y de la resistencia al movimiento es algo que se ha considerado como importante desde hace siglos, pero sin embargo el significado de la tribología y su influencia en el campo tecnológico es un fenómeno reciente. La historia de la tribología, así como sus antecedentes se pueden dividir en los siguientes periodos:

- Renacimiento (1450-1600)
- Primeros estudios de fricción (1600-1750)
- Revolución industrial (1750-1850)
- Primeros estudios de lubricación (1850-1925)
- Periodo previo a la aparición del concepto de tribología (1925-1970)
- Actualidad (1970-2011)

El artista científico renacentista Leonardo Da Vinci fue el primero que postuló un acercamiento a la fricción. Da Vinci dedujo la leyes que gobernaban el movimiento de un bloque rectangular deslizándose sobre una superficie plana, también, fue el primero en introducir el concepto del coeficiente de fricción. Desafortunadamente sus escritos no fueron publicados hasta cientos de años después de sus descubrimientos. Fue en 1699 que el físico francés Guillaume Amontons redescubrió las leyes de la fricción al estudiar el deslizamiento entre dos superficies planas.

Muchos otros descubrimientos ocurrieron a lo largo de la historia referentes al tema, científicos como Charles Augustin Coulomb, Robert Hooke, Isaac Newton, entre otros, aportaron conocimientos importantes para el desarrollo de esta ciencia.

Al surgir la Revolución Industrial el desarrollo tecnológico de la maquinaria para producción avanzó rápidamente. El uso de la potencia del vapor permitió nuevas técnicas de manufactura. En los inicios del siglo veinte, desde el enorme crecimiento industrial hasta la demanda de una mejor tribología, el conocimiento de todas las áreas de la tribología se expandió rápidamente

2.1.1. Renacimiento

Antes del periodo renacentístico, la información acerca de la tribología se basa únicamente en los restos arqueológicos y manuscritos encontrados.

Durante el renacimiento de tiempo la persona que más contribuyó al desarrollo de la tribología fue Leonardo da Vinci. Por todos es sabida la enorme aportación de este genio en el campo artístico, pero además tuvo un destacado papel como ingeniero y científico.

La mayoría de los bocetos y de los escritos de Leonardo sobre tribología están recogidos en el Codex Atlanticus, publicado a finales del siglo XIX [23]. Lo cual quiere decir que durante siglos estos trabajos permanecieron ocultos. Este manuscrito recoge esquemas donde se refleja la fuerza de fricción que actúa entre dos cuerpos, tanto en superficies horizontales como en superficies inclinadas, tal y como se muestra en la siguiente figura:

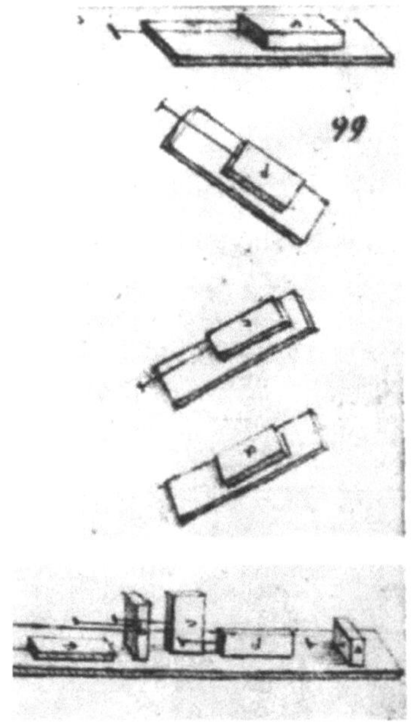

Figura 4: Estudios de Leonardo da Vinci sobre fricción

Sobre el efecto del área aparente de contacto y de la fuerza normal de fricción Leonardo escribió: "la fricción realizada por un mismo peso debe de ser de igual resistencia al comienzo del movimiento independientemente de la geometría del cuerpo". Cabe destacar que Leonardo no emplea el concepto de fuerza de fricción, ya que el término de fuerza no fue definido hasta 200 años más tarde por Isaac Newton. Otra observación a tener en cuenta, es que las consideraciones hechas por Leonardo sobre el fenómeno de fricción coinciden exactamente con las dos leyes de la fricción que se enunciarían por Amontons siglos más tarde:

- La fuerza de rozamiento es directamente proporcional a la fuerza aplicada.

- La fuerza de rozamiento es independiente del área de contacto.

Leonardo da Vinci, tal y como se refleja en el Codex Atlanticus, también realizó estudios experimentales sobre desgaste de cojinetes, donde obtuvo como conclusión que el material desgastado en un cojinete depende de la carga aplicada y su surco de rodadura es perpendicular a la dirección de aplicación de dicha carga.

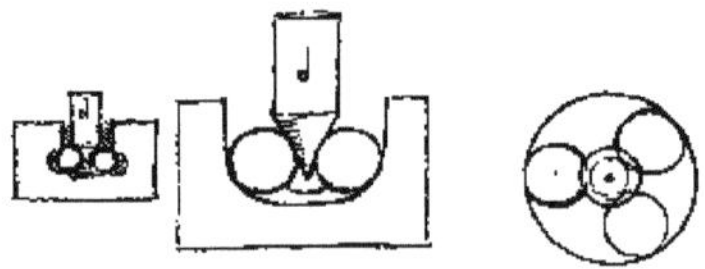

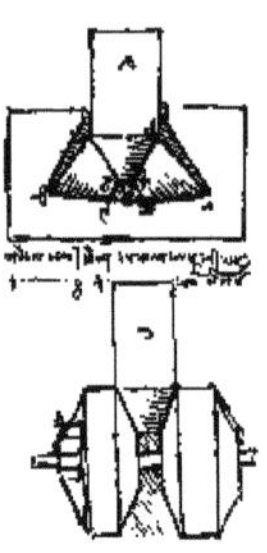

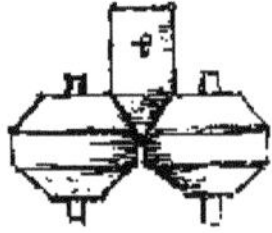

Figura 5: Esquemas de cojinetes de Leonardo da Vinci

2.1.2. Primeros estudios de fricción

En el periodo previo a la Revolución Industrial los avances de la tribología están íntimamente relacionados con la aparición de la denominada "ciencia moderna".

Estos primeros estudios de fricción comenzaron en Francia a finales del siglo XVII, los experimentos de Guillaume Amontons y las interpretaciones de sus resultados fueron presentados en la Real

Academia Francesa de Ciencias el 19 de diciembre de 1699. En la introducción de su trabajo Amontons justifica la necesidad de estudiar la fricción para mejorar el rendimiento de las máquinas. Las principales conclusiones de su estudio fueron las siguientes:

- La resistencia causada por el rozamiento sólo aumenta o disminuye en proporción a la presión, y no en función del área de las superficies.
- La resistencia ocasionada por el rozamiento es más o menos similar para el acero, el plomo, el cobre y la madera si las superficies están recubiertas de grasa de cerdo.
- La resistencia es más o menos igual a un tercio de la presión.

Lo cual le llevó a enunciar las siguientes leyes:

1. La fuerza de fricción es directamente proporcional a la carga aplicada.
2. La fuerza de fricción es independiente del área de contacto aparente.

A finales de este periodo, en 1750, Euler publica en la Academia de las Ciencias de Berlín dos trabajos sobre fricción, introduciendo el coeficiente μ definiéndolo como:

$$\mu = \tan \alpha$$

Siendo μ el coeficiente de fricción y α el ángulo que forma con el plano.

Euler distingue entre fricción estática y fricción dinámica.

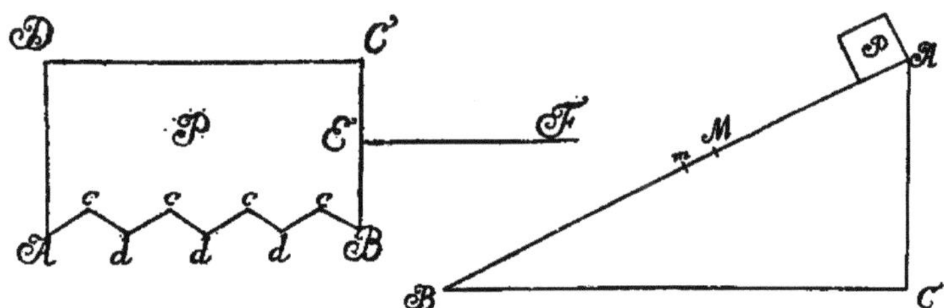

Figura 6: Representación de Euler para: superficie rugosa (izda) y análisis de la fricción cinética de un bloque sobre un plano inclinado (dcha)

2.1.3. Revolución industrial

Al surgir la Revolución Industrial (1750-1850) el desarrollo tecnológico de la maquinaria y de la producción avanzó rápidamente. El uso de la potencia del vapor permitió nuevas técnicas de manufactura. Esto conlleva nuevos y numerosos planteamientos en el campo de la tribología. Tres van a ser los principales avances de esta ciencia en este periodo:

- El desarrollo de los rodamientos.
- Los avances en los estudios de fricción.
- El inicio de los estudios sobre lubricación.

El ingeniero francés Charles-Augustin Coulomb confirmó los resultados que otros autores habían obtenido en trabajos anteriores sobre la fricción estática y amplió dichos estudios a la fricción cinética y a la rodadura de una manera tan autoritaria que, en el siglo XVIII, los interesados en el tema podrían haber pensado que el tema había sido completamente descifrado. Estos avances en los estudios de fricción permitieron a los ingenieros hacer una predicción razonable de las pérdidas de energía en las máquinas, a la vez que surgían dudas persistentes sobre la naturaleza fundamental de las superficies de interacción.

Figura 7: Dispositivo de Coulomb para el estudio de la fricción de rodadura

Hacia el final de este periodo se reconoció el carácter beneficioso de la fricción. Los estudios realizados hasta el momento a cerca de la fricción se centraban en el esfuerzo que había que realizar para vencerla, pero es durante este periodo, con la llegada del embrague y de los sistemas de transmisión de potencia cuando se estudia el problema de una forma diferente.

Como puede verse los estudios y avances sobre la fricción fueron numerosos, con un incremento de los descubrimientos sobre la fricción cinética y de rodadura. Entre ellos cabe destacar:

- En 1774 Semen Kirilovich Kotel desarrolla un trabajo sobre la ficción.
- En 1871 Charles-Augustin Coulomb recibe el premio de la Academia de Ciencias por su trabajo sobre la fricción.
- En 1784 Samuel Vince realiza estudios sobre la fricción cinética.
- En 1804 John Leslie presenta sus investigaciones sobre la naturaleza de la fricción de deslizamiento y el papel de los lubricantes.
- En 1829 George Rennie desarrolla un extenso y devaluado trabajo sobre la fricción.
- En 1835 Arthur James Morin presenta sus investigaciones sobre la naturaleza de la fricción de rodadura.

Mientras que los avances en tribología durante la Revolución Industrial fueron, sin duda, atribuibles a estudios prácticos, importantes estudios teóricos sobre flujo de fluidos desarrollados en Europa durante este periodo sentaron las bases para el progreso de la lubricación en un período posterior. En estos años, los lubricantes eran de origen animal y vegetal, aunque hacia el final del período, el aceite mineral fue extraído de la pizarra y el carbón con lo que comenzaba una revolución en el mundo de la lubricación.

Otro avance significativo durante este periodo fue en 1839 el desarrollo por parte de Isaac Babbit de una aleación para cojinetes. Dicha aleación estaba formada por estaño, antimonio y cobre.

2.1.4. Primeros estudios de lubricación

Durante este periodo (1850-1925) se lleva a cabo el desarrollo y la explotación comercial de los aceites minerales, junto con las investigaciones sobre las películas de lubricante.

La teoría de la lubricación por película fluída, presentada por Osborne Reynolds [24-25] en un congreso de la Asociación Británica en Canadá en 1884 y publicado por la Real Sociedad en Londres en 1886, fue probablemente el descubrimiento más relevante en toda la historia de la tribología.

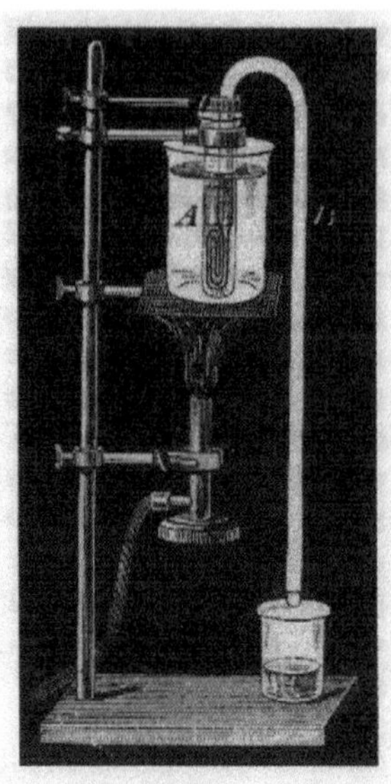

Figura 8: Dispositivo diseñado por Reynolds para determinar la viscosidad del aceite de oliva

Los estudios básicos de fricción consideraban que existía una relación entre la fricción estática y la fricción cinética, fue en este período cuando se descubrió la existencia de una transición continua de un fenómeno a otro.

Los estudios de contacto elástico de Hertz, las investigaciones sobre la fricción de rodadura de Reynolds y Heathcote, y los estudios de capacidad de carga de los cojinetes de los profesores Stribeck y Goodman realizados en este periodo proporcionaron la base científica para que emergiera la industria de los rodamientos.

2.1.5. Periodo previo a la aparición del concepto de tribología

Los avances que se producen durante este periodo (1925-1966) en el campo de la tribología se pueden dividir en cuatro grandes bloques: la topografía de superficies, la fricción, la lubricación y el desgaste.

Topografía de superficies

A lo largo de este periodo se descubrieron diversas metodologías para poder determinar la topografía de las superficies: interferometría óptica, microscopia óptica y electrónica y perfilometría. Esta última técnica fue diseñada por Abbott y Firestone en 1933 en la universidad de Michigan [26].

Asimismo, en la década de los 60, Greenwood y Williamson [27] desarrollaron un procedimiento denominado microcartografía, que permite generar mapas de contorno de superficies mediante cadenas de números que cierran el espacio entre superficies.

Fricción

En 1928 Prandtl volvió a retomar la idea de que el proceso de fricción se inicia con la adhesión, y un año más tarde, Tomlinson [28] consideró el rozamiento en condiciones secas en términos de energía de disipación sin que existan moléculas entre las dos superficies en contacto.

Deryagin hizo un audaz intento de cuantificar algunos de los conceptos esbozados por Tomlinson en un enfoque estadístico representando de forma detallada las fuerzas intermoleculares y la estructura cristalina, consiguiendo una expresión estadística binomial para la fricción:

$$\mu = \frac{F}{a \cdot (p + p_0)}$$

Donde μ es el coeficiente de fricción, F la fuerza total de fricción, al área real de contacto, y *p* y *po* las presiones o esfuerzos generados por las fuerzas externas y la adhesión molecular.

En 1938 Holm [29] realizó un estudio sobre cómo la electricidad se conducía desde un sólido a otro, en él concluyó que un elemento de la fuerza de fricción debe ser atribuido a la suma de la fuerza concentrada de las asperezas en contacto.

Lubricación

El desarrollo de aditivos para aceites minerales, el aumento del uso los lubricantes, la aparición de los lubricantes sintéticos y la aplicación de los lubricantes sólidos son los cuatro fenómenos más importantes que distinguen a este periodo de tiempo.

Desgaste

El desgaste ha sido reconocido a lo largo de la historia como uno de los procesos más importantes, por lo general, en detrimento de los dispositivos mecánicos, sin embargo, los estudios científicos de este fenómeno han comenzado recientemente.

Fue Ragnar Holm, trabajando primero en los laboratorios de Siemens-Konzern en Berlín y más tarde con la Empresa Panasonic en Pennsylvania, quien hizo una de las primeras contribuciones sustanciales al estudio del desgaste [30]. Su interés radica en la realización de contactos eléctricos, tales como los interruptores, relés, terminales, micrófonos, conmutadores y colectores de corriente, y es interesante destacar que este tipo de estudios importantes de la fricción y el desgaste se presentó en una rama de la ingeniería eléctrica. En una etapa posterior Ragnar Holm y su esposa publicaron un libro [31], que contenía una descripción de los fundamentos de las interacciones de la superficie y de los mecanismos de desgaste.

Parece ser que Holm inicialmente consideró que el desgaste era un proceso uniforme de transferencias atómicas que tienen lugar en los puntos de contacto entre superficies, aunque más tarde para establecer una apreciación física del proceso de desgaste introdujo el concepto de una capa uniforme de material transferido con un espesor igual a un número entero de moléculas, estableciendo una relación entre el material desprendido por el desgaste, la longitud desgastada y el área real de contacto.

En los primeros estudios realizados con trazadores radiactivos para monitorizar el progreso de desgaste, Rabinowicz y Tabor [32] fueron capaces de distinguir entre la transferencia y el desgaste. En la transferencia el material sacado de una superficie se adhiere fuertemente a la superficie de contacto, mientras que en el segundo la producción de partículas sueltas provoca la separación de las partículas transferidas.

2.1.6. Actualidad

El desgaste de los materiales es uno de los principales problemas en la industria, que afecta a gran parte de los sectores de producción. Tanto es así que a lo largo de los años se ha establecido la necesidad de evaluar el comportamiento frente al desgaste de los materiales para poder predecir su respuesta y anticiparse a los posibles fallos, así como programar tareas de mantenimiento que eviten problemas mayores [33].

Puesto que las aplicaciones en las que el desgaste es una de las solicitaciones fundamentales son muy numerosas y muy diferentes, uno de los principales problemas que aparecen cuando se trata de estudiar el comportamiento frente al desgaste de los materiales es la imposibilidad de simular totalmente las condiciones reales de servicio en los laboratorios. Esta situación provocó que inicialmente cada laboratorio se centrara en diseñar sus propios procedimientos de ensayo, lo que dio lugar a la aparición de numerosos métodos de ensayo.

El Laboratorio Nacional de Física del Reino Unido llevó a cabo un estudio en el que identificó que se estaban llevando a cabo en todo el mundo más de cuatrocientos ensayos de desgaste diferentes. En 1973 la Sociedad Americana de Ingeniería de Lubricación revisó este estudio, y concluyó que los ensayos que se empleaban en varios laboratorios ascendían a trescientos. Sin embargo, muchos de estos ensayos son ligeras modificaciones unos de otros, estimándose la cifra final de número de ensayos inferior a los cien.

En 1997 de nuevo el Laboratorio Nacional de Física del Reino Unido llevó a cabo una encuesta entre los usuarios de equipamiento tribológico con el objetivo de determinar los tipos de ensayos que se utilizaban para cada problema concreto, encontrándose con una gran variedad de posibilidades en cuanto a equipamiento y condiciones concretas de operación [34-35].

Tanto es así que en el volumen correspondiente de los Annual Books of ASTM Standard existen más de diez normas diferentes para determinar el comportamiento frente al desgaste con más de diez procedimientos diferentes. Todas estas normas hacen especial hincapié en que los resultados obtenidos no pueden ser extrapolados a las condiciones de servicio, si no que únicamente son válidos para clasificar los materiales objeto de estudio [36-45].

Además, algunos autores han resaltado el problema de la elección del ensayo para el análisis del comportamiento al desgaste de los materiales, cuestionando la correlación que entre los resultados obtenidos con distintos procedimientos se pueda determinar, así como la posibilidad de extrapolar estos resultados a las condiciones reales de servicio [46-53].

2.2. Fricción, lubricación y desgaste

La ciencia de la tribología incluye el estudio y análisis no sólo de aspectos tan antiguos como la fricción y el desgaste, sino también la lubricación, todos ellos en forma conjunta y acompañados del análisis de la incidencia de los factores que afectan al proceso tribológico en su totalidad. Por lo tanto, la tribología se centra en el estudio de tres fenómenos:

- la fricción entre dos cuerpos en movimiento.
- el desgaste como efecto natural de este fenómeno.
- la lubricación como un medio para reducir el desgaste.

2.2.1. Fricción

Se define la fricción como la resistencia al movimiento relativo que presenta un cuerpo al moverse sobre otro con el cual está en contacto.

Esta fuerza de resistencia que actúa en la dirección opuesta a la dirección del movimiento y que se conoce como fuerza de fricción, no es una propiedad del material, es una respuesta integral del sistema.

Es importante resaltar, que la geometría del contacto influye en la fricción. Por ejemplo, si intentamos mover una de las superficies sobre la otra, aparece una tensión cortante en las asperezas. Ésta es máxima donde el área de la sección transversal de las asperezas es mínima, es decir, en el plano de contacto o muy cerca de él. La intensa deformación plástica en la zona de contacto, tiende a juntar las puntas de las asperezas tan íntimamente, que a lo largo de la superficie de contacto, las uniones son átomo a átomo [54].

Los fenómenos de fricción son la causa de grandes pérdidas de energía por disipación, fundamentalmente en forma de calor, que es necesario contrarrestar mediante sistemas de refrigeración para evitar daños en los equipos. Además de esta energía disipada en forma de calor, existe una pérdida de energía asociada a procesos de deformación, que generan problemas de desgaste y degradación de la superficie de los componentes, haciendo inevitable el reemplazo de las piezas deterioradas, ya que es uno de los procesos responsables del desgaste de los materiales [55].

Las dos leyes básicas de la fricción fueron enunciadas por Amontons [56]:

- 1ª ley: la fuerza de fricción es independiente del área aparente de contacto y sólo es proporcional a la carga aplicada.

- 2ª ley: el coeficiente de fricción es independiente de la carga aplicada.

2.2.2. Lubricación

El propósito de la lubricación es introducir un “tercer cuerpo” entre las dos superficies en contacto con el fin de reducir la fricción y el desgaste, transferir el calor que se genera y arrastrar las partículas de desgaste que surgen en el proceso [20].

La lubricación consiste en la introducción de una capa intermedia, de un material ajeno, entre las superficies en movimiento, de forma que:

- Pueda soportar la presión en la superficie del material evitando el contacto átomo a átomo entre las asperezas.
- Pueda responder fácilmente a los esfuerzos cortantes.

Estos materiales intermedios se denominan lubricantes y su función es disminuir la fricción y el desgaste, así como el calentamiento de las superficies en contacto. El término lubricante es muy general, y puede estar en cualquier estado material: líquido, sólido, gaseoso e incluso semisólido o pastoso. Los más habituales son aceites, grasas y sustancias como jabones. Estas sustancias “contaminan” las superficies formando una fina película que evita la adhesión y responde fácilmente a esfuerzos cortantes, disminuyendo el coeficiente de fricción.

Es importante resaltar que la capa lubricante se deteriora rápidamente bajo condiciones de extrema presión, extrema temperatura, bajas velocidades de rodadura o deslizamiento, y también velocidades elevadas.

3. CONCEPTO DE DESGASTE

Los fenómenos de desgaste se pueden definir como aquellos que producen la pérdida progresiva del material de las regiones más superficiales de un sólido, como consecuencia del movimiento relativo existente entre dos cuerpos, bajo una carga de contacto [57]. Por lo tanto, se puede decir que el desgaste es consecuencia de las acciones de fricción superficial.

Esta pérdida progresiva de material puede conducir a la inutilidad de los objetos que lo padecen, por lo que se puede considerar un fenómeno destructivo y perjudicial, ya que en muchos casos implica la reposición de la pieza desgastada. El desgaste es una falla inevitable, y normalmente no violenta, donde quiera que existan cuerpos en contacto bajo carga y con movimiento relativo.

Es por ello que el problema del desgaste de materiales es común a todas las industrias, aunque con variaciones en cuanto forma de producirse y en cuanto su magnitud. La consecuencia directa del desgaste es la generación de unos costes que pueden llegar a representar un alto porcentaje dentro de la actividad industrial.

La mayoría de las consecuencias de la fricción y el desgaste se consideran negativas, tales como el consumo de energía y la causa de las fallas mecánicas, sin embargo, existen beneficios fundamentales de la fricción y el desgaste. La interacción entre el neumático y la carretera por ejemplo o el zapato y el suelo, sin los cuales trasladarse sería imposible [56].

Muchas investigaciones sobre desgaste están dedicadas a los aspectos básicos del fenómeno, no siendo sus resultados de aplicación inmediata a nivel industrial, además a diferencia de otros fenómenos que pueden afectar a los componentes de un determinado mecanismo (como pudiera ser la fatiga) el comportamiento frente al desgaste no constituye una propiedad característica del material, aunque la más clara, en el caso de un desgaste abrasivo, pudiera estar en la relación directa de durezas entre el abrasivo y el material antidesgaste, y dependerá de todo un sistema tribológico, constituido por dos cuerpos, el entorno y condiciones en las que se desarrolla el trabajo.

Siempre que hay movimiento relativo entre dos sólidos que soportan una carga existe una situación potencial de desgaste. Un metal puede interactuar con un no metal, o con líquidos, como aceite o agua.

3.1. Tipos de desgaste

Los tipos de desgaste se clasifican de la manera siguiente, dependiendo de la naturaleza de los mecanismos que intervienen en la interacción de metales bajo carga [56].

- Desgaste adhesivo
- Desgaste abrasivo
- Desgaste por fatiga
- Desgaste erosivo
- Desgaste erosivo por cavitación
- Fretting
- Desgaste corrosivo

Existen diversos mecanismos capaces de producir desgaste de los materiales, ya que las condiciones industriales en las que estos procesos tienen lugar pueden ser muy variadas.

Tabla 1: Tipos de desgaste

Elementos de contacto	Movimiento	Tipo
Sólido-sólido	Deslizamiento relativo	Adhesivo
	Rodadura	Abrasivo
	Impacto	Fatiga
	Oscilación	Fretting
Sólido-fluido	Impacto	Cavitación
Sólido-fluido con partículas	Impacto	Erosión

Es necesario e importante añadir que existen procesos en los cuales uno de estos tipos se transforma en otro o en los que dos o más de ellos coexisten.

Se ha estimado una discriminación de la importancia relativa en la industria de los distintos tipos de desgaste existentes:

- Abrasivo: 50%
- Adhesivo: 20%
- Erosión: 18%

- Fretting (desgaste micro-oscilatorio): 8%
- Desgaste corrosivo: 4%

3.1.1. Desgaste abrasivo

Este tipo de desgaste tiene lugar cuando una protuberancia dura de la superficie de un material (dos cuerpos) o una partícula libre y dura (tres cuerpos) es presionada contra otra superficie más blanda a la que deforma plásticamente produciendo en su movimiento un rayado o un surco, o incluso pudiendo arrancar virutas. La abrasión puede tomar dos formas extremas: Una en la cual la deformación plástica sea lo más importante y otra, en la cual la fractura, con deformaciones plásticas limitadas es lo que predomina [56].

Las partículas abrasivas pueden estar fijas o pueden ser partículas libres en el seno de un líquido, es por ello que hay que diferenciar entre el desgaste abrasivo entre dos cuerpos y el de tres cuerpos. En el primero el desgaste lo producen las protuberancias duras y angulosas de una de las dos superficies, mientras que en el segundo las partículas abrasivas pueden moverse libremente entre dos cuerpos [58].

.

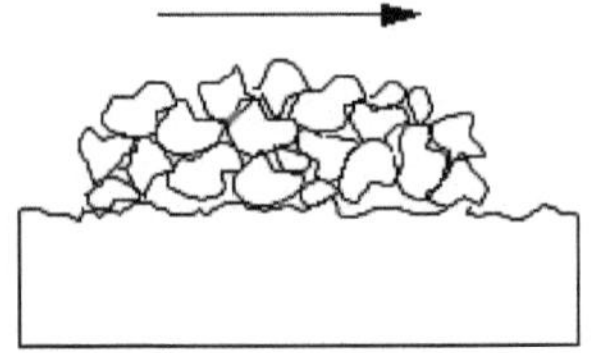

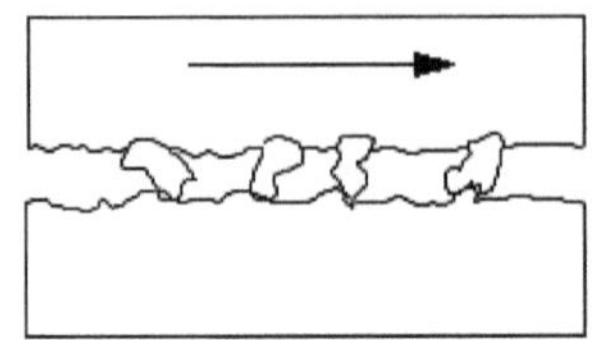

Figura 9: Desgaste abrasivo entre dos cuerpos (izda.) y desgaste abrasivo entre tres cuerpos (dcha.)

Al igual que en el desgaste adhesivo, este fenómeno se reduce al disminuir la carga aplicada. Por otro lado, la intensidad del desgaste abrasivo es función del coeficiente entre las durezas del material abrasivo y el material base, de tal manera que la abrasión comienza a ser severa cuando este coeficiente es mayor que 1,2. Cabe destacar que, a fin de obtener un aumento apreciable en la resistencia a la abrasión, la dureza superficial debe ser mayor que la mitad, en dureza Vickers, que la del abrasivo. Sin embargo, un aumento de esta dureza por encima de 1,3 veces la dureza del abrasivo podría ser contraproducente.

Las mayores resistencias a este tipo de desgaste están asociadas a materiales duros y de bajo módulo elástico.

En los metales la resistencia a la abrasión aumenta con la dureza, observándose que para los aceros este parámetro resulta menor que para los metales puros de la misma dureza [55]. Es de advertir que esta propiedad es más indicativa en el material desgastado que la dureza original. El contenido en carburos es un factor importante en la reducción de la abrasión en aceros; siendo en este caso más efectivos los carburos de niobio o vanadio que los de cromo o wolframio. Debe señalarse, a su vez, que el contenido en carbono hace disminuir la abrasión en los aceros y que para diferentes microestructuras el comportamiento frente al desgaste es diferente, siendo en el caso de los aceros o fundiciones la martensita quien presenta mejor comportamiento antidesgaste.

En general, para aleaciones férreas, las mejores resistencias al desgaste se obtienen en matrices martensíticas, con carburos secundarios uniformemente distribuidos. Si se requiere una matriz más tenaz, para condiciones de impactos fuertes, es más recomendable una estructura austenítica inestable, la cual tiende a endurecerse por transformación martensítica durante el servicio (aceros Hadfield).

Los factores más importantes que hacen disminuir la abrasión son:

- Aumentos de dureza
- Aumentos del contenido de carbono y de carburos duros
- Control de la relación entre la dureza de la superficie y del abrasivo
- Disminución del tamaño de las partículas abrasivas
- Formas de partículas redondeadas

- Disminución de velocidades
- Disminución de cargas

La primera ley obtenida que describe el fenómeno de desgaste abrasivo fue enunciada por Rabinowicz en 1965 [60]. Éste asumió que las protuberancias del material más duro son cónicas.

$$\frac{V}{L} = \frac{K \cdot F_N}{\pi \cdot H} \cdot \overline{\tan\theta}$$

Donde V es el volumen de material desgastado en una distancia o longitud de deslizamiento L, F_N es la fuerza normal aplicada, H la dureza, θ es la pendiente de la protuberancia con la superficie y tanθ es la media ponderada de los distintos conos.

En 1982 Zum Gahr obtiene un segundo modelo en el que tiene en cuenta los procesos de microcorte, microrayado y microagrietado, y propiedades como la presión y la dureza [61].

$$\frac{V}{L} = \frac{f_{ab}}{K_1 \cdot K_2 \cdot \tau_C} \cdot \frac{\cos\rho \cdot sen\theta}{[\cos(\theta/2)]^{1/2} \cdot \cos(\theta - \rho)} \cdot F_N$$

Donde V es el volumen de material desgastado en una distancia o longitud de deslizamiento L, f_{ab} el factor del modelo (1 para microcorte), K_1 es la relación entre la tensión normal y la tangencial, K_2 el factor de textura (1 para metales c.c.c.), τ_c es el esfuerzo tangencial en el movimiento de dislocación, ρ es el ángulo en la interfase material-abrasivo, θ es la pendiente de la protuberancia con la superficie y F_N la fuerza normal aplicada.

3.1.2. Desgaste adhesivo

Este tipo de desgaste entre sólidos se produce cuando la superficie de un cuerpo liso se adhiere a la del otro formando verdaderas soldaduras. El proceso de desgaste comienza cuando se forman uniones adhesivas en la interfase de las dos superficies en contacto, que se rompen durante el deslizamiento relativo de los sólidos [56].

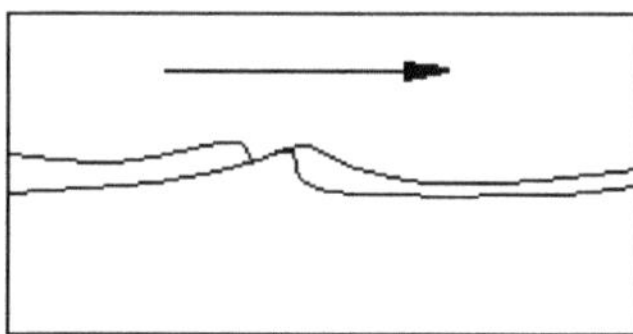

Figura 10: Desgaste adhesivo

Si se quiere disminuir el desgaste adhesivo habrá que tratar de disminuir tanto el número de las partículas arrancadas como su tamaño. La forma más sencilla de conseguirlo consiste en reducir el área real de contacto, es decir, reducir la carga aplicada.

Existen diversos parámetros que influyen en la formación y ruptura de las uniones adhesivas:

- La estructura electrónica de los materiales en contacto favorece la unión por adhesión metálica en la interfase cuando un material dona electrones y otro los recibe [62].

- La compatibilidad metalúrgica también favorece esta unión [60].

- La estructura y orientación de los cristales. Cuando los metales cristalizan en una estructura cúbica centrada en el cuerpo o en las caras, se desgastan más que los que cristalizan en un sistema con estructura hexagonal [63-64].

La ley descriptiva de los fenómenos de desgaste adhesivo, ecuación de Archard, es la siguiente [41-42].

$$\frac{V}{L} = \mu \frac{P}{H}$$

Donde V es el volumen de material desgastado en una distancia o longitud de deslizamiento L, P es la fuerza normal aplicada, H la dureza y µ el coeficiente de fricción característico de cada material, cuyo significado físico es el porcentaje de contactos que proporcionan arranque y pérdida superficial del material. En 1957 esta ecuación fue modificada por Hornbogen [65].

$$\frac{V}{L} = N^2 \cdot \frac{P_Y \cdot E' \cdot F_N^{3/2}}{K_{IC}^2 \cdot H^{3/2}}$$

Donde V es el volumen de material desgastado en una distancia o longitud de deslizamiento L, N el factor de endurecimiento por trabajo en frío, P_Y es el límite de fluencia, E' el módulo elástico aparente, F_N es la fuerza normal aplicada, K_{IC} es la tenacidad a la fractura y H la dureza.

Según la teoría adhesiva del desgaste deslizante, bajo la acción de cargas normales aplicadas, los topes de las asperezas de las dos superficies sufren fluencia plástica y soldadura en frío. Al producirse el movimiento, las uniones soldadas rompen por cizalladura, dando lugar a la separación en el interior del cuerpo de menor dureza. De esta manera la superficie más dura se cubre de una película transferida del material de la contracara, a la vez que se desprenden partículas en el proceso. Se cree que otros mecanismos como la abrasión o la fatiga superficial son responsables por el desprendimiento de partículas de la película transferida. Sin embargo, existen otras teorías que tratan de explicar de maneras diferentes esta forma de desgaste y la formación y remoción de las partículas.

Como en el desgaste de tipo deslizante se presentan situaciones donde la abrasión es importante, la mayoría de las recomendaciones que se hacen para el desgaste abrasivo son aplicables al adhesivo.

3.1.3. Desgaste por fatiga

El mecanismo de desgaste por fatiga tiene lugar cuando las cargas y desplazamientos relativos entre las dos superficies en contacto se repiten cíclicamente a lo largo del tiempo. En estas situaciones, como los esfuerzos cortantes máximos actúan subsuperficialmente, se nuclea una grieta en estas regiones por deformaciones plásticas repetidas, que luego crece por fatiga, hasta alcanzar la superficie del elemento, y finalmente tiene lugar el fallo o delaminación del mismo [65].

La expresión que define el desgaste por fatiga fue obtenida por Halling en 1975 [66]:

$$\frac{V}{L} = K \cdot \frac{\eta \cdot \gamma}{\varepsilon_1^{-2} \cdot H} \cdot F_N$$

Donde V es el volumen de material desgastado en una distancia o longitud de deslizamiento L, K es el coeficiente de fricción, η la distribución lineal de las protuberancias, γ la constante que define el tamaño de partícula, ε_1 la deformación de fallo en un solo ciclo de carga, H la dureza del material más blando y F_N la fuerza normal aplicada.

Este tipo de desgaste no puede evitarse ni con la mejor lubricación, ya que por muy perfecta que ésta sea, los esfuerzos aplicados siguen estando presentes y los fenómenos producidos por éstos también.

3.1.4. Desgaste erosivo

El desgaste por erosión se define como el proceso de eliminación de metal provocado por la incidencia de partículas sólidas, transportadas en una corriente líquida o gaseosa, sobre una superficie. Presenta una apariencia granular fina, semejante a la de fracturas frágiles.

El grado de desgaste tiene relación con el ángulo de incidencia de las partículas sobre la superficie, así como con la resiliencia del material y su resistencia a la erosión. Es paradójico que un material blando pudiera ser más adecuado para resistir a la erosión que uno más duro, por ejemplo, el caucho natural o sintético produce buenos resultados debido a su bajo módulo elástico, lo que le permite grandes deformaciones y una buena distribución de la carga. Esto se explica porque parece existir una buena correlación entre la resistencia a la erosión y la resiliencia del material.

Existen dos tipos de desgaste erosivo:

- Desgaste erosivo de baja velocidad. Este proceso se da cuando las partículas sólidas inciden con un cierto ángulo sobre la superficie, recorren una cierta distancia sobre la que provocan la erosión, y rebotan.

- Desgaste erosivo de alta velocidad. En este caso las partículas, que pueden ser sólidas o fluidas, se desplazan a mayor velocidad produciendo mediante un mecanismo de iniciación y propagación de grietas el arranque del material.

Las posibles soluciones al problema erosivo son las siguientes:

- Modificar ángulos de ataque
- Disminución de velocidades
- Materiales de mejor calidad

La erosión se considera como una forma de abrasión, por tanto, las recomendaciones para el control del desgaste abrasivo tienen validez para el desgaste erosivo.

3.1.5. Desgaste erosivo por cavitación

La erosión por cavitación se presenta cuando un sólido se mueve a alta velocidad en un medio líquido, como en el caso de las hélices de barcos.

Mientras que el desgaste por erosión es producido por acción mecánica, el desgaste erosivo por cavitación está producido por burbujas que se forman dentro del seno de un líquido en el que se encuentra el material sólido [67].

Los materiales que más resisten a este tipo de desgaste son aquellos duros con elevada resistencia a la fluencia, como por ejemplo la estelita y el acero inoxidable 18/8. En el caso de hélices marinas se recomienda que el material también sea resistente a la corrosión, ya que este fenómeno acelera el desgaste erosivo por cavitación, este es el caso del bronce al manganeso.

3.1.6. Fretting

El fretting es un fenómeno que puede aparecer en las superficies de dos elementos en contacto unidos bajo presión y cuyas superficies están sometidas a deslizamientos relativos, normalmente no intencionados, de pequeña amplitud (alrededor de 130 micras) y elevada frecuencia [68]. El resultado es la prematura nucleación de numerosas grietas en la zona de contacto, una de las cuales puede continuar creciendo hasta producir el fallo final [69].

Normalmente la apariencia de la superficie es rojiza-marrón o gris, con presencia de partículas oxidadas. Este desgaste conduce eventualmente a fallas por fatiga y se produce en uniones atornilladas, piezas ajustadas por calado, contactos eléctricos, etc.

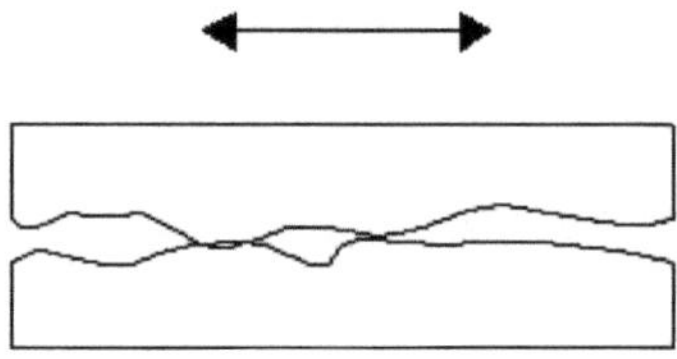

Figura 11: Fretting entre dos superficies

Los factores más importantes que influyen en el "fretting" son:

- Amplitud
- Frecuencia
- Número de ciclos
- Temperatura y humedad
- Superficies en contacto

Este fenómeno se puede encontrar en multitud de componentes de máquinas y estructuras como uniones atornilladas y roblonadas, acoplamientos con ajuste a presión, cadenas, etc.

Entre los paliativos para mejorar el comportamiento a fatiga por fretting, uno de los más eficientes es la aplicación de recubrimientos en los componentes mecánicos sometidos a fretting. Estos recubrimientos pueden mejorar tanto el comportamiento frente al desgaste y fatiga simple como frente a la fatiga por fretting.

3.1.7. Desgaste corrosivo

El desgaste corrosivo consiste en el deterioro de un metal como consecuencia de una reacción química o electroquímica con el medio [70].

Este tipo de desgaste está originado por la influencia del medio ambiente, principalmente la humedad. Ocasionado principalmente por la acción del oxígeno atmosférico o disuelto en el lubricante, sobre las superficies en movimiento [71-72].

Cuando no existe deslizamiento, los productos de corrosión forman una película sobre la superficie, mientras que en presencia de movimiento deslizante esta película se elimina y continúa el proceso corrosivo. Por lo tanto el desgaste corrosivo consta de dos etapas que se repiten de manera cíclica.

3.2. Factores que influyen en el desgaste

Los factores más importantes que influyen en los diferentes tipos de desgaste mencionados con anterioridad son los siguientes [20]:

- Carga aplicada
- Velocidad de impacto
- Temperatura
- Tipo de movimiento

- Propiedades volumétricas de los dos cuerpos en contacto (abrasivo y material):
- Geometría
- Dimensiones
- Composición química
- Microestructura
- Dureza
- Propiedades superficiales del abrasivo y del material:
    - Rugosidad.
    - Microdureza, ...
- Área de contacto entre los cuerpos
- Propiedades de los lubricantes interpuestos (si los hubiere)
- Características de la atmósfera
- Interacciones entre los dos cuerpos, la atmósfera y el lubricante (si existiera)

3.2.1. Propiedades de los materiales en contacto

Una de las propiedades que más influye en el desgaste es la dureza de los cuerpos en contacto. Generalmente un aumento de la dureza hace disminuir la velocidad de desgaste siempre que otros factores permanezcan constantes. A durezas relativamente bajas, las reducciones de la tasa de desgaste con la dureza son de magnitud bastante mayor que a durezas altas [73].

Es interesante destacar que la rugosidad también afecta de manera notable y que además puede tener efectos contrapuestos. Una rugosidad alta generalmente produce mucho desgaste; mientras que una rugosidad moderada confiere a la superficie capacidad de retener lubricantes. Por otra parte, una rugosidad baja puede favorecer los fenómenos adhesivos y conducir a un desgaste acelerado.

En cuanto a la forma del abrasivo cabe decir que cuanto más irregular sea éste mayor será el desgaste que se produzca sobre el material.

3.2.2. Velocidad de impacto

La velocidad de desgaste, en general, aumenta con la velocidad de las partículas y si los ángulos de impacto son pequeños predomina el corte abrasivo, siendo la dureza superficial un factor crítico. Si por el contrario los ángulos de ataque son mayores el desgaste producido se debe más a procesos de deformación y fractura [56].

3.2.3. Desgaste a altas temperaturas

La fricción genera calor y éste tiene que ser disipado por conducción a través de los cuerpos del sistema. Cuando las temperaturas ambientales son altas la transferencia de calor del sistema al ambiente es menor y por tanto es menor la energía de fricción necesaria para fundir y soldar las microasperezas superficiales, por lo que el desgaste aumenta. Sin embargo, se han encontrado temperaturas de transición, por encima de las cuales se producen notables reducciones en la velocidad de desgaste. Este fenómeno ha sido asociado a la formación de óxidos con muy buenas propiedades lubricantes, aunque hay que advertir que una alta tasa de oxidación puede tener efectos opuestos [56].

En el caso del fretting, a temperaturas muy bajas (-150ºC) se ha detectado el mayor deterioro y a temperaturas mayores hasta 0ºC va disminuyendo gradualmente. Con aumentos de temperatura hasta 50ºC el deterioro superficial disminuye apreciablemente y por encima de 70ºC empieza a aumentar este tipo de desgaste.

Los materiales con una elevada conductividad térmica y una baja capacidad calorífica por unidad de volumen, presentan una mejor resistencia al desgaste al disipar mucho mejor este calor.

3.3. Ensayos de desgaste

La finalidad de los ensayos de desgaste es tanto comparar el comportamiento de los diferentes materiales ante los distintos tipos de solicitaciones como intentar predecir el comportamiento en servicio de estos mismos materiales.

3.3.1. Ensayos de desgaste abrasivo

Para realizar los ensayos de desgaste abrasivo es necesario la utilización de partículas duras como abrasivo. Estas partículas también van a sufrir desgaste durante la realización del ensayo, por lo que los resultados del ensayo pueden llegar a no ser suficientemente representativos ya que la abrasión disminuiría con respecto a la que se tendría si el abrasivo fuera completamente nuevo.

Pin in drum

En este tipo de dispositivo el problema del deterioro del abrasivo, que está en forma de partículas, es bastante significativo.

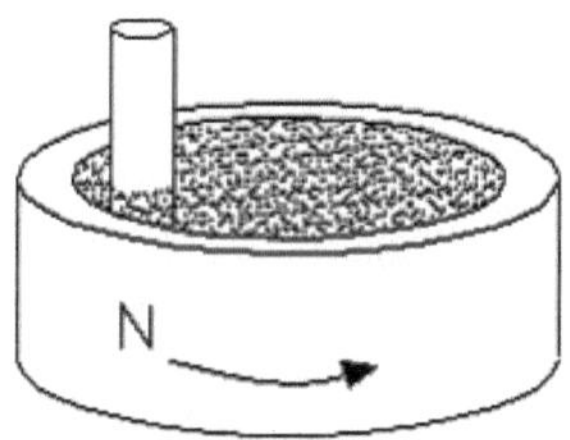

Figura 12: Esquema de dispositivo de ensayo "pin in drum"

Pin on disk

En este caso el abrasivo no está en forma de partículas sino en forma de sustrato, por lo que el desgaste de éste se ve bastante atenuado.

El problema de este dispositivo es el embotamiento del abrasivo. A medida que se va produciendo el desgaste del material a ensayar las partículas arrancadas del material se van acumulando sobre su superficie.

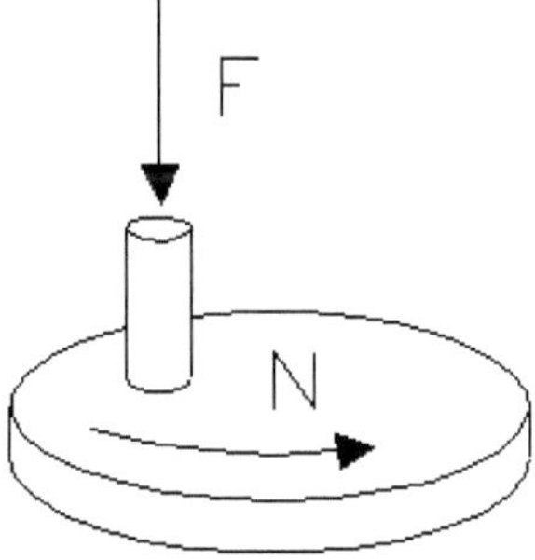

Figura 13: Esquema de dispositivo de ensayo “pin on disk”

Pin on disk con trayectoria en espiral

En este caso el dispositivo de ensayo sigue una trayectoria en espiral, lo que hace disminuir el embotamiento del abrasivo.

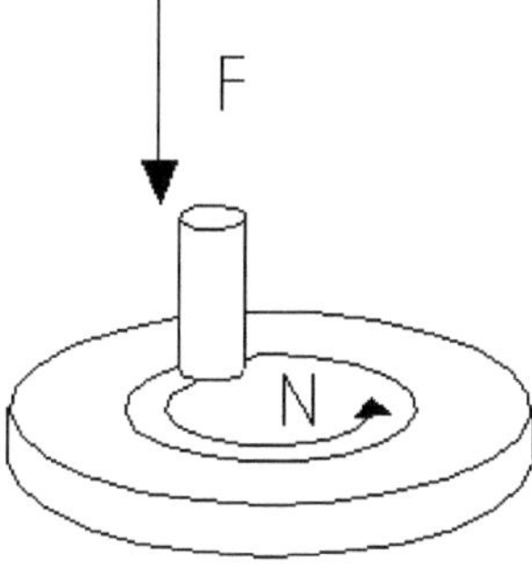

Figura 14: Esquema de dispositivo de ensayo “pin on disk” en espiral

Dispositivos de ensayo con alimentación continua

Estos dispositivos surgen para evitar el embotamiento y desgaste del material abrasivo.

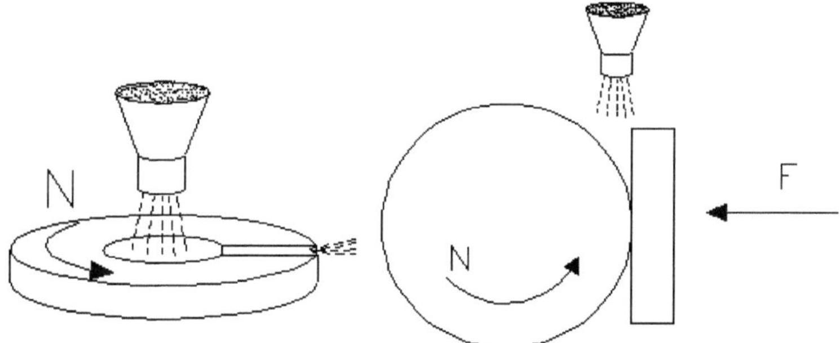

Figura 15: Esquema de dispositivos de ensayo con alimentación continua

3.3.2. Ensayos de desgaste adhesivo

Aunque el desgaste adhesivo es el tipo de desgaste más frecuente en componentes que trabajan lubricados, también se da en elementos que carecen de lubricación (frenos, embragues, ...).

Como el fin del ensayo es reproducir las condiciones de servicio, en los elementos lubricados habrá que introducir pequeñas cantidades de lubricante en el ensayo.

Pin on disk

Este dispositivo se emplea para ensayar aros de pistón y materiales cilíndricos. El aro sería el "pin", y el disco sería el cilindro.

El principal problema de este dispositivo es que durante la realización del ensayo la temperatura se ve modificada debido al calor que se genera debido a la fricción, lo cual desvía las condiciones del ensayo de las de servicio.

Pin on plate

Este dispositivo evita el problema anterior ya que la velocidad del movimiento es menor y la temperatura se puede controlar.

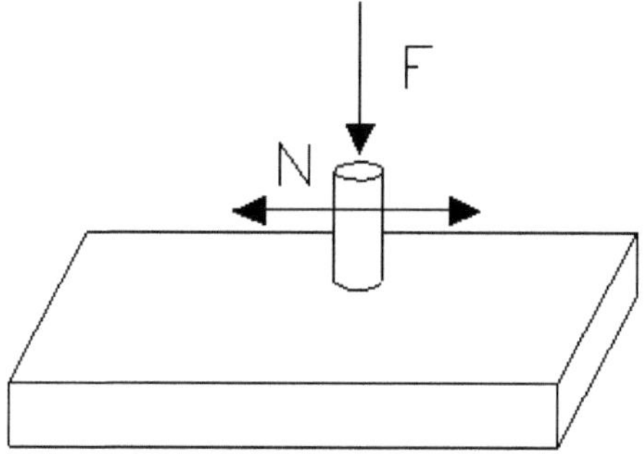

Figura 16: Esquema de dispositivo de ensayo "pin on plate"

Block on rotating disk

Este dispositivo de ensayo se suele utilizar para ensayar cojinetes de fricción sin lubricación y arandelas de empuje.

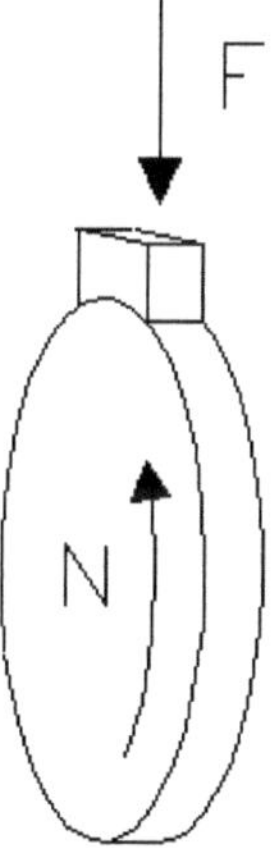

Figura 17: Esquema de dispositivo de ensayo "block on rotating disk"

3.3.3. Ensayos de desgaste por fatiga

Los ensayos de desgaste por fatiga no se emplean normalmente en laboratorios, sino que se suelen realizar en la industria relacionada con las piezas sometidas a fatiga.

Algunos ejemplos de este tipo de ensayos son los siguientes:

Dispositivo de ensayo de cojinete de bolas bajo carga.

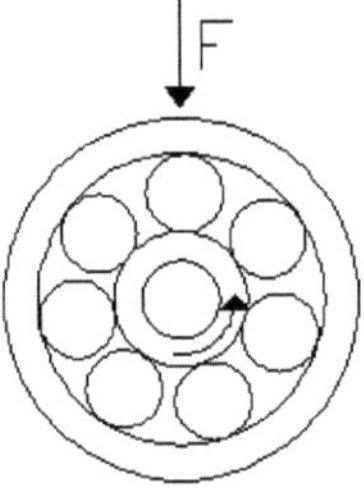

Figura 18: Esquema de dispositivo de ensayo de cojinete de bolas bajo carga

Dispositivo de ensayo de cojinetes planos.

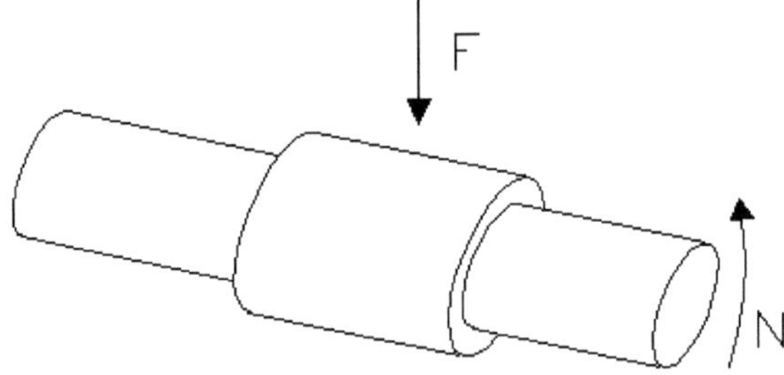

Figura 19: Esquema de dispositivo de ensayo de cojinetes planos

3.3.4. Ensayos de desgaste erosivo

El desgaste erosivo se produce por la acción de partículas sólidas transportadas por una corriente líquida o gaseosa.

Dispositivo de ensayo de desgaste erosivo con corriente líquida.

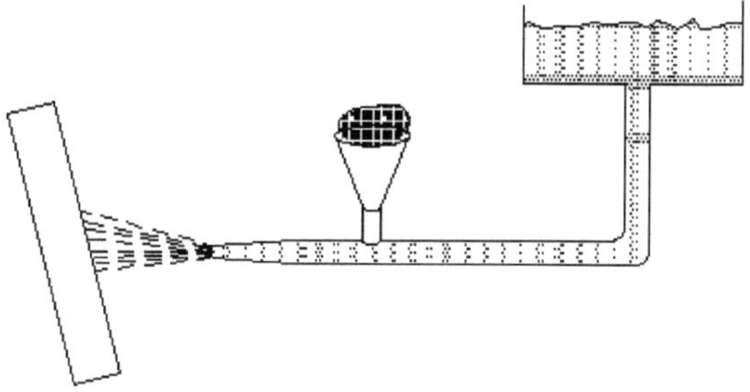

Figura 20: Esquema de dispositivo de ensayo de erosión mediante líquido

Dispositivo de ensayo de desgaste erosivo con corriente gaseosa.

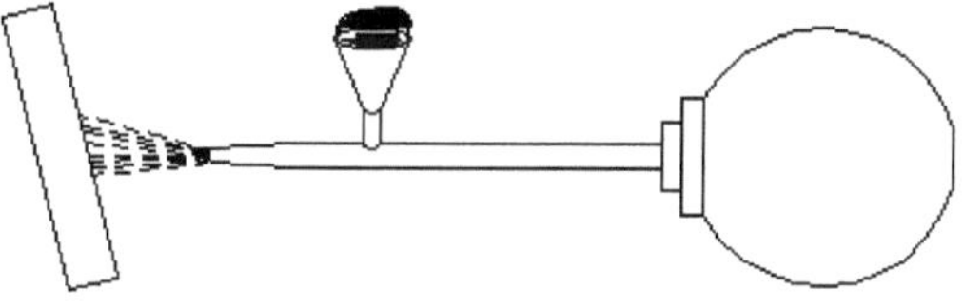

Figura 21: Esquema de dispositivo de ensayo de erosión mediante gas

Ensayos de desgaste erosivo por cavitación

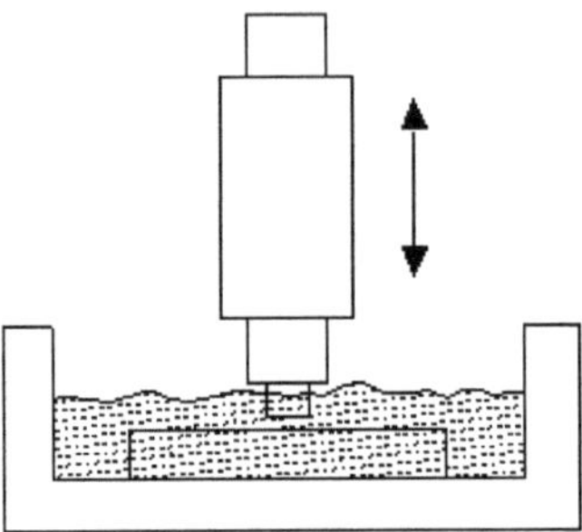

Figura 22: Esquema de dispositivo de placa y eje sumergidos

Con este dispositivo la cavitación se genera de manera cíclica mediante el uso de la oscilación de alta frecuencia de un eje. Durante la oscilación la superficie de ensayo se acerca y se aleja de la superficie del eje produciéndose la cavitación en el momento del alejamiento.

3.3.5. Ensayos de fretting

Los ensayos de este tipo de desgaste han de tener una presión de contacto elevada, un movimiento recíproco de pequeña amplitud, y han de llevarse a cabo a la temperatura de servicio.

Pin on plate

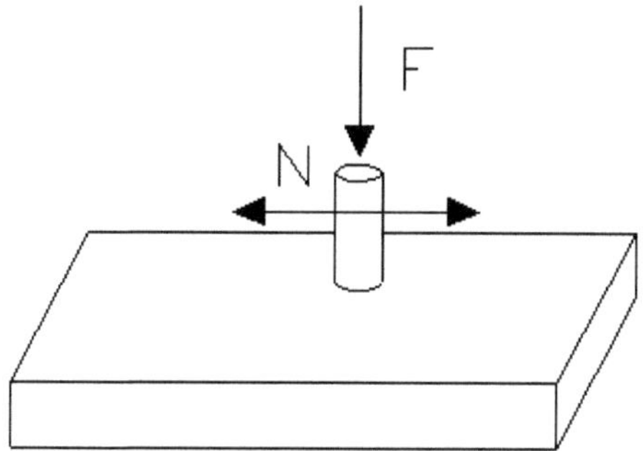

Figura 23: Esquema de dispositivo de ensayo "pin on plate"

Block on plate

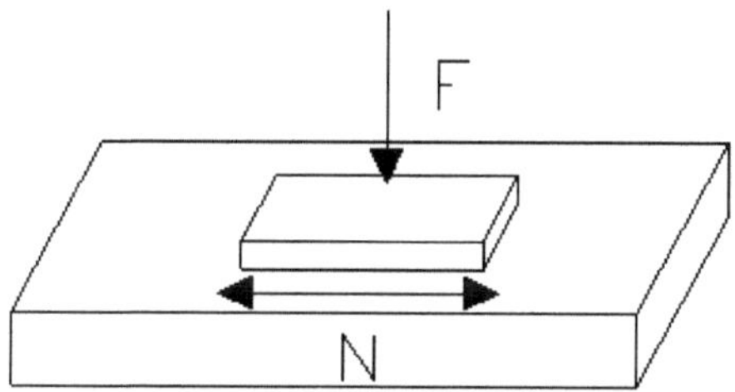

Figura 24: Esquema de dispositivo de ensayo "block on plate"

3.4. Normas ASTM para ensayos de desgaste

En general, las normas ASTM miden el desgaste como la pérdida de masa o de volumen del material durante el ensayo realizado.

3.4.1. G32-10: Standard Test Method for Cavitation Erosion Using Vibratory Apparatus

Este ensayo consiste en provocar desgaste erosivo por cavitación en el material a ensayar sumergiéndolo en un líquido y aplicándole una frecuencia de vibración elevada [74].

Parámetros de ensayo:

- Frecuencia de vibración: 20kHz
- Amplitud del movimiento: 50µm
- Líquido de inmersión: agua destilada o desionizada
- Nivel de líquido: 100mm
- Nivel de inmersión de la muestra: 12mm

3.4.2. G65-04(2010): Standard Test Method for Measuring Abrasion Using the Dry Sand/Rubber Wheel Apparatus

Esta norma cuantifica el desgaste abrasivo del material en unas condiciones determinadas. Consiste en colocar el material a ensayar próximo a una rueda de caucho de una dureza determinada y hacer pasar entre ambos un flujo controlado de arena con unas características específicas [35].

Esta norma tiene 5 variantes (A, B, C, D y E) en función de la resistencia al desgaste del material a ensayar o de su espesor.

Parámetros del ensayo:

- Abrasivo: arena conforme a la especificación AFS 50/70.
- Flujo de abrasivo: 300-400g/min
- Velocidad de giro: 200rpm
- Diámetro de la rueda: 228mm
- Dureza de la goma de la rueda: A-60
- Duración del ensayo: 30min (6000 revoluciones) para los procedimientos A y D, 10 (2000 rev) para el B, 5 (1000 rev) para el E, y 30s (100 rev) para el C
- Fuerza aplicada: 130N para los procedimientos A, B C y E, y 45 para el D

3.4.3. G75-07: Standard Test Method for Determination Slurry Abrasivity (Miller Number) and Slurry Abrasion Response of Materials (SAR Number)

Con este ensayo se determinan el número de Miller y el SAR a través de la pérdida de masa que experimenta el material al moverse en el fondo de una cubeta donde hay fango abrasivo [75].

Parámetros de ensayo:

- Abrasivo: una mezcla de 150g de sustancia abrasiva sólida y 150g de agua destilada

- Amplitud del movimiento: 200mm
- Duración del ensayo: 8 horas
- Fuerza aplicada: 22.24N

3.4.4. G76-07: Standard Test Method for Conducting Erosion Tests by Solid Particle Impingement Using Gas Jets

Este método consiste en provocar desgaste erosivo en el material a ensayar haciendo incidir sobre éste un chorro de partículas aceleradas por gas a alta presión, a través de una boquilla [77].

Parámetros de ensayo:

- Boquilla: de 1.5mm de diámetro interior y al menos 50mm de longitud
- Partículas abrasivas: alúmina de 50µm
- Velocidad de las partículas: 30m/s
- Angulo de incidencia: 90°
- Distancia de la boquilla a la muestra: 10mm

3.4.5. G99-05(2010): Standard Test Method for Wear Testing with a Pin-on-Disk Apparatus

Esta norma describe un método de ensayo que consiste en colocar la muestra, en un disco giratorio, sobre la que incide el pin de manera que exista un contacto puntual. Este procedimiento también permite obtener el coeficiente de fricción [39].

Parámetros de ensayo:

- Fuerza aplicada
- Radio de giro
- Velocidad de giro: 60-600rpm
- Duración del ensayo

3.4.6. G105-02(2007): Standard Test Method for Conducting Wet Sand/Rubber Wheel Abrasion Tests

Este método de ensayo determina la resistencia al desgaste abrasivo de materiales metálicos empleando como abrasivo una mezcla de arena y agua. El procedimiento se lleva a cabo en una cámara cerrada donde se introduce la arena y el agua. Dentro de ésta se coloca la muestra en contacto con la rueda recubierta de caucho, que al girar hace que la mezcla del abrasivo con el agua pase entre el material a ensayar y la rueda [40].

El ensayo se realiza en 4 etapas de idéntica duración, pero con diferente rueda de caucho. La primera es una etapa de preparación que se lleva a cabo con la rueda de dureza 50 Shore A. las 3 etapas posteriores se realizan con ruedas de durezas 50, 60 y 70 Shore A respectivamente.

Parámetros de ensayo:

- Abrasivo: 0.940kg de arena conforme a la especificación AFS 50/70 y 1.5kg de agua
- Velocidad de giro: 245rpm
- Diámetro de la rueda: 178mm
- Dureza de la goma de la rueda: A-50, A-60 y A-70
- Duración del ensayo: 4000rev (1000 en cada etapa)
- Fuerza aplicada: 222N

3.4.7. G133-05(2010): Standard Test Method for Linearly Reciprocating Ball-on-Flat Sliding Wear

El método que define esta norma consiste en colocar la muestra a ensayar sobre una superficie que se desplaza horizontalmente de manera unidireccional y hacer incidir sobre ésta una bola fija que provoca el desgaste del material objeto de estudio [42].

La norma describe 2 procedimientos diferentes de ensayo, uno para ensayos no lubricados y otro para los lubricados. Parámetros de ensayo de cada método:

- Procedimiento A (no lubricado):
    - Radio de la bola: 4.76mm

- Fuerza normal: 25N
- Carrera: 10mm
- Frecuencia de oscilación: 5Hz
- Duración: 16min y 40s
- Temperatura ambiente

- Procedimiento B (lubricado):
  - Radio de la bola: 4.76mm
  - Fuerza normal: 200N
  - Carrera: 10mm
  - Frecuencia de oscilación: 10Hz
  - Duración: 33min y 20s
  - Temperatura: 150ºC
  - Inmersión completa en el lubricante

3.4.8. G134-95(2010): Standard Test Method for Erosion of Solid Materials by a Cavitating Liquid Jet

Esta norma describe un método de ensayo para comparar la erosión por cavitación de materiales sólidos. Dicho método consiste en sumergir la muestra a ensayar en un líquido y hacer incidir sobre la misma un chorro, de forma que se produce el colapso de las burbujas del chorro sobre ella y, por tanto, se erosiona [77].

Parámetros de ensayo:

- Temperatura del agua en la boquilla: 35ºC
- Presión: 21MPa
- Flujo: 4.5L/min

PROCEDIMIENTO EXPERIMENTAL

El objetivo de esta tesis es el estudio de la influencia del silicio en el comportamiento frente al desgaste de las fundiciones tipo “silal”.

El presente trabajo se ha realizado con diez fundiciones diferentes entre sí en función de su contenido en carbono y en silicio.

Figura 25: Planta Piloto de Fundición de la Escuela Técnica Superior de Ingenieros Industriales de la Universidad Politécnica de Madrid

El proceso experimental al que se han sometido las diferentes fundiciones consta de los siguientes pasos:

1. Análisis de carbono y silicio
2. Análisis metalográfico
3. Determinación de la dureza
4. Ensayos de tracción

5. Ensayos de desgaste

6. Perfilometría

En cuanto al contenido en carbono, éste se ha analizado mediante un analizador de carbono Leco CS-300. El contenido en silicio se ha determinado siguiendo la norma UNE 7-028-75 "Determinación gravimétrica de silicio en aceros y fundiciones" [78].

En todas las fundiciones se ha analizado el contenido en carbono y en silicio, se ha medido su dureza en la escala Brinell y resistencia al desgaste. También se han obtenido las micrografías de cada una de las muestras.

Los ensayos de tracción se han realizado en una máquina universal de ensayos SERVOSIS ME-402E (carga máxima 10 t). Estos ensayos se han realizado siguiendo la norma UNE-EN ISO 6892-1 "Materiales metálicos. Ensayo de tracción. Parte 1: Método de ensayo a temperatura ambiente" [79].

La resistencia al desgaste se ha medido en función de la pérdida de masa experimentada por las fundiciones tras la realización de ensayos de desgaste tipo pin on disk. Estos ensayos se han realizado siguiendo la norma ASTM G99 "Standard test method for wear testing with a pin-on-disk apparatus" [39]. Antes de llevar a cabo los ensayos de desgaste ha sido necesario realizar una preparación superficial de cada una de las fundiciones con el objetivo de homogeneizar la rugosidad en todas ellas, así como hacerla mínima, para eliminar la influencia que tiene sobre los resultados de desgaste el acabado superficial. Tras realizar la preparación superficial se ha obtenido en todas las fundiciones una rugosidad media, Ra, inferior a 1,5µm. Con este tipo de ensayo también se ha determinado el coeficiente de fricción a lo largo del mismo.

1. MATERIAL DE PARTIDA

El material de partida empleado para realizar la presente tesis ha sido obtenido en la Planta Piloto de Fundición de la Escuela Técnica Superior de Ingenieros Industriales de la Universidad Politécnica de Madrid. Las diez fundiciones han sido obtenidas mediante fusión de la carga sólida en horno de inducción y coladas en molde de arena.

El material objeto de estudio del presente trabajo es una fundición tipo “silal” en la que se ha ido variando el contenido en carbono y en silicio de la misma.

Figura 26: Material de partida

Todas las muestras a analizar han sido fabricadas mediante la adición de níquel-magnesio, salvo en el caso de la fundición 4, que se ha colado con cloruro de magnesio, además, la fundición 1 fue colada con una cantidad de Ni-Mg 5 veces inferior a las otras 8.

Tabla 2: Carga del horno

	Composición nominal		Carga						
Colada nº	%C	%Si	Chatarra (kg)	Lingote (kg)	FeSi (piedra) (kg)	FeSi (fino) (kg) (en cuchara)	Ni-Mg (kg) (en cuchara)	Cl_2Mg (kg) (en cuchara)	Peso total (kg)
1	2.95	4.80	8.69	24.05	2.26	0.05	0.20	0.00	35.25
2	2.89	5.68	8.90	24.00	2.30	0.50	1.00	0.00	36.70
3	3.01	4.84	8.26	24.88	1.86	0.50	1.00	0.00	36.50
4	2.87	6.21	8.90	24.00	2.30	0.80	0.00	1.40	37.40
5	2.00	6.00	16.32	15.78	2.39	0.50	1.00	0.00	34.99
6	2.50	5.00	12.50	20.11	1.89	0.50	1.00	0.00	36.00
7	2.50	6.00	11.98	20.11	2.39	0.50	1.00	0.00	35.98
8	2.50	6.50	11.73	20.11	2.65	0.50	1.00	0.00	35.99
9	2.50	7.00	11.48	20.11	2.90	0.50	1.00	0.00	35.99
10	3.00	6.00	7.64	24.44	2.40	0.50	1.00	0.00	35.98

2. ANÁLISIS DE CARBONO Y SILICIO

2.1. Determinación del contenido en carbono

El equipo empleado para determinar el contenido en carbono de las fundiciones ha sido el analizador químico Leco CS-300. Este equipo mide el contenido en carbono y en azufre de las muestras a analizar empleando una técnica de combustión.

Figura 27: Analizador Leco CS-300

Las características principales del analizador Leco CS-300 son las siguientes:

- Rango de medida: 0.0002-3.5 % de C y 0.0002-0.35 % de S, para un tamaño de muestra de 1 gramo.

- Horno de inducción: 2,2kW.

El tamaño de muestra adecuado para analizar en el Leco es de un gramo. Éste se introduce en el horno de inducción junto a un elemento acelerador de la combustión. Primeramente, se purga la atmósfera del horno con oxígeno para evitar la presencia durante el ensayo de impurezas. Durante la combustión en atmósfera de oxígeno puro se produce la oxidación de todos los elementos de la muestra, y se forma CO y, mayoritariamente, CO_2, junto con el correspondiente SO_2. Los gases de combustión se analizan mediante infrarrojos, determinándose el contenido en C y S de los mismos.

Para obtener la composición de la fundición, en lo que a estos dos elementos se refiere, antes de introducir la muestra a analizar en el horno, hay que calibrarlo. Para calibrar el equipo, primero se hace con el blanco (crisol con fundente), y luego con el patrón (crisol con patrón y fundente).

Cabe destacar que, por tratarse de fundiciones altamente refractarias debido al elevado contenido en silicio, fue necesario realizar los análisis con el doble de fundente y que las muestras fueran introducidas en el horno en forma de virutas, para que éstas llegaran a fundirse en el horno y obtener así unos resultados fiables.

2.2. Determinación del contenido en silicio

Dado el elevado contenido en silicio que presentan las fundiciones tipo “silal”, y la importancia de éste en el desarrollo del presente trabajo, es necesario cuantificarlo. Para determinarlo en cada una de las fundiciones se sigue la norma UNE 7-028-75 “Determinación gravimétrica de silicio en aceros y fundiciones” [78].

El tamaño de muestra que se toma para proceder a la determinación del silicio está en torno a 1g. Una vez pesada la muestra y anotada su pesada es necesario calentarla en una disolución de ácido sulfúrico y nítrico hasta que quede un residuo seco de sílice. Cuando la sílice esté seca se deja enfriar y se vuelve a calentar hasta ebullición, pero esta vez en una disolución de ácido clorhídrico. A continuación, se filtra la mezcla para posteriormente proceder a su calcinación a 1100ºC. Una vez transcurrida media hora se saca del horno, se deja enfriar y se realiza la pesada final.

Figura 28: Montaje para la determinación del contenido en silicio

Para calcular el contenido en silicio se emplea la siguiente expresión:

$$\%Si = \frac{(Peso_{final\,del\,crisol} - Peso_{inicial\,del\,crisol}) \cdot 0.4672}{Peso_{inicial\,de\,la\,muestra}} \cdot 100$$

3. ANÁLISIS METALOGRÁFICO

La finalidad principal del análisis metalográfico es obtener información sobre la estructura del material a estudiar.

La observación al microscopio de una probeta debidamente preparada y atacada, permite obtener gran información sobre el material a caracterizar. Se pueden determinar características del material tales como el tamaño de grano, su forma, el porcentaje de las diferentes fases existentes, así como la posible existencia de heterogeneidades como inclusiones, impurezas, ...

3.1. Obtención y preparación de la probeta

La muestra con la que se ha preparado la probeta para su posterior observación al microscopio debe ser representativa del material a caracterizar.

Para la obtención de la muestra se ha cortado un fragmento del material, en este caso fundición, con la ayuda de una máquina de corte. Para ello se ha utilizado una sierra alternativa además de una tronzadora metalográfica con disco de corte abrasivo, ambas refrigeradas durante la operación de corte. Esta refrigeración es necesaria ya que durante el proceso de corte se alcanzan temperaturas elevadas que pueden llegar a modificar la estructura de la muestra.

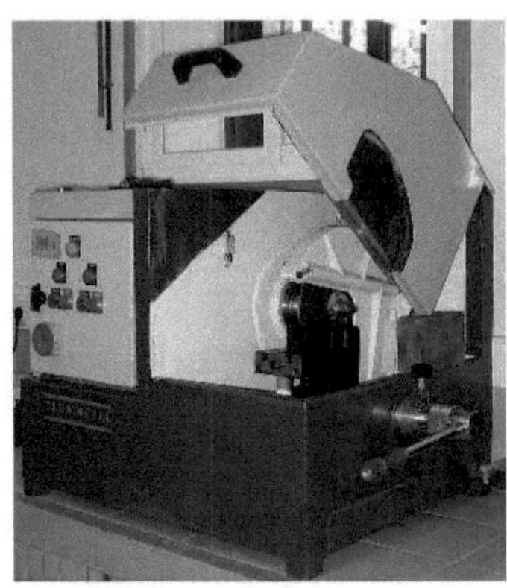

Figura 29: Cortadora metalográfica (izda.) y sierra alternativa (dcha.)

Figura 30: Muestra de material tras el rectificado

Una vez obtenida la sección de material deseada, se procede a la preparación de la probeta para su posterior observación al microscopio. Para ello la probeta ha de estar suficientemente plana y lisa, por lo que es necesario realizar las operaciones de lijado y pulido.

El desbaste de la probeta se ha realizado en varias etapas cambiando en cada una de ellas la lija. Para llevar a cabo la operación de pulido se ha dispuesto de una pulidora manual, Tecnimetal, empleando como abrasivo alúmina.

Figura 31: Pulidora manual Tecnimetal

Cuando la superficie de la probeta está perfectamente pulida, es decir, no se observan imperfecciones, se procede a realizar el ataque químico con el fin de revelar la estructura del material. Para ello se sumerge la probeta unos segundos en el reactivo químico, y a continuación se seca para su posterior observación al microscopio. En este caso el ataque se ha realizado con un reactivo formado por un 70% de alcohol, un 20% de ácido nítrico y un 10% de ácido fluorhídrico. El tiempo de inmersión de cada una de las muestras en el reactivo de ataque fue de 5s.

3.2. Observación al microscopio óptico

La observación de la probeta atacada se realiza con un microscopio óptico metalográfico Olympus BH2-UMA, que dispone de un sistema de captación de imágenes mediante ordenador.

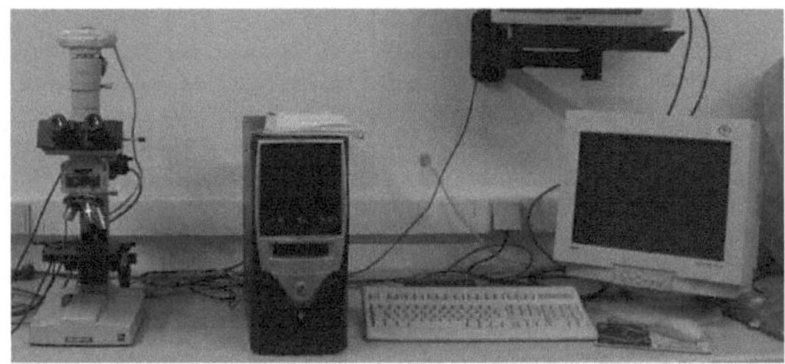

Figura 32: Microscopio óptico Olympus

Se han sacado micrografías a 50, 200, 500 y 1000 aumentos con el fin de determinar los constituyentes de las diferentes fundiciones con el que se van a realizar los ensayos.

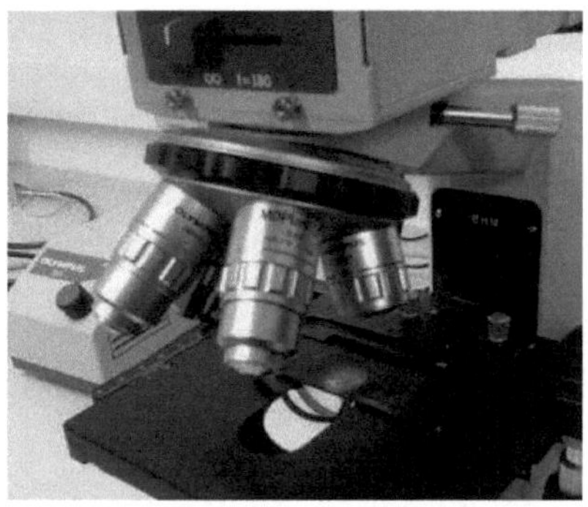

Figura 33: Objetivos del microscopio

4. DETERMINACIÓN DE DUREZA

El ensayo de dureza es uno de los más empleados en la selección y control de calidad de los metales. Este tipo de ensayo es simple y de alto rendimiento, ya que no destruye la muestra.

El procedimiento más usado para medir la dureza en metales es la resistencia a la penetración de un útil de determinada geometría.

Los métodos existentes para la medición de la dureza se distinguen básicamente por la forma del útil empleado (penetrador), por las condiciones de aplicación de la carga y por la propia forma de calcular (definir) la dureza.

En este caso el método que se ha elegido para medir la dureza del acero es el ensayo de dureza Brinell. Este procedimiento emplea un penetrador de bola pulida de metal duro de diferente diámetro: 10,

5, 2,5 y 1 mm. Dicho penetrador actúa de forma perpendicular a la superficie que se quiere medir, bajo la acción de una carga P que se aplica gradualmente, alcanzando el valor máximo en unos segundos y permaneciendo constante un tiempo que se puede variar. Esta carga está comprendida entre 1 y 3000 kg. Una vez obtenida la huella en forma de casquete esférico, es necesario observarla al microscopio para poder medir el diámetro de la misma. Éste valor se introduce en las tablas de equivalencia y directamente se obtiene la dureza Brinell. Si no se dispone de las tablas de equivalencia, la dureza se puede calcular mediante la fórmula:

$$HB = \frac{P}{S}$$

Donde:

- P es la carga aplicada durante el ensayo expresada en kp.
- S es la superficie de la huella en mm^2.

Para determinar la dureza de las fundiciones se emplea un durómetro Hoytom 1003A con bola de 2.5 mm de diámetro y una carga aplicada de 187.5 kg [80].

Figura 34: Durómetro Hoytom

El durómetro es un aparato que sirve para medir la dureza de los materiales, definiéndose la dureza de un material como la resistencia que éste presenta a la penetración.

5. ENSAYOS DE TRACCIÓN

Los ensayos de tracción estudian el comportamiento de los materiales tras someter una probeta normalizada del material a analizar a un esfuerzo uniaxial de tracción hasta que se produce la rotura de la muestra.

Es un ensayo que tiene por objetivo determinar propiedades mecánicas tales como el límite elástico, la resistencia a la tracción, el alargamiento o la estricción del material cuando se le somete a fuerzas uniaxiales. En el ensayo se mide la deformación que experimenta la probeta a medida que se aumenta la carga que se aplica sobre la misma.

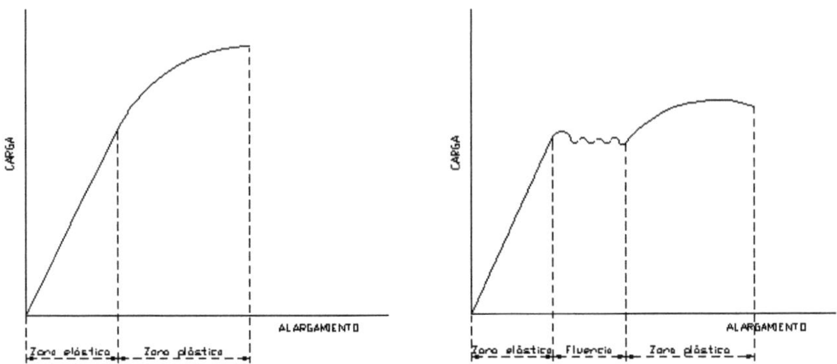

Figura 35: Diagramas tensión-deformación

En general, a medida que la tensión que soporta la probeta crece el alargamiento lo hace de manera proporcional a ésta hasta un determinado valor de la carga. A esta zona se le denomina zona elástica y se rige por la ley de Hooke, y a partir de ahí se llama zona plástica y en ella las deformaciones que se provocan en el material son permanentes.

Se requiere una máquina capaz de:

- Alcanzar la fuerza suficiente para producir la fractura de la probeta.
- Controlar la velocidad de aumento de fuerzas.

- Registrar las fuerzas que se aplican y los alargamientos que se observan en la probeta.

5.1. Máquina universal de ensayos

El equipo que se ha empleado para realizar los ensayos de tracción fue la máquina universal de ensayos SERVOSIS ME-402E.

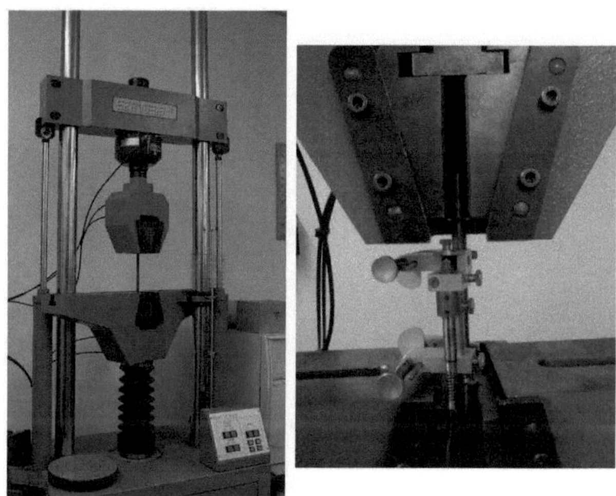

Figura 36: Máquina universal de ensayos Servosis ME-402E (izda.) y extensómetro (dcha.)

Este tipo de equipos constan de un cuerpo base, un generador de esfuerzos y un equipo de medida. La máquina de tracción dispone de unas mordazas adecuadas para cada tipo de probeta con el fin de evitar deformaciones en la misma que falseen los resultados del ensayo.

La probeta se dispone de forma vertical, y el esfuerzo se aplica mediante un dispositivo hidráulico que desplaza uno de los cabezales, de forma que provoca una deformación progresiva hasta que finalmente se produce la rotura.

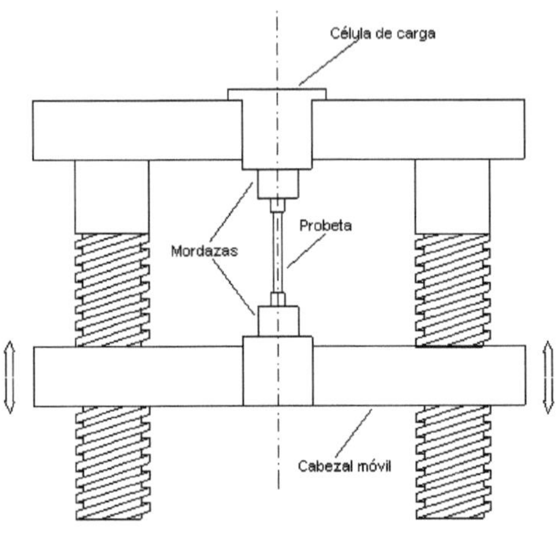

Figura 37: Esquema de máquina de ensayo de tracción

El ensayo se considerará nulo si la rotura se produce fuera del tercio central de la distancia entre puntos.

5.2. Geometría de las probetas

Las probetas se obtuvieron por mecanizado de las fundiciones una vez que fueron desmoldadas. Las probetas mecanizadas han de tener un radio de acuerdo entre la parte calibrada y la parte de amarre.

La sección transversal de las probetas es cilíndrica y tiene un diámetro de 10 mm. La longitud inicial entre puntos es de 110 mm.

Figura 38: Probeta para el ensayo de tracción

6. ENSAYOS DE DESGASTE

Para determinar la resistencia al desgaste de las diferentes fundiciones objeto de estudio del presente trabajo se han seguido las directrices de la norma ASTM G99 "Standard test method for wear testig with a pin-on-disk apparatus" [39].

Esta resistencia al desgaste se ha medido en función de la pérdida de masa experimentada por las fundiciones tras la realización de ensayos de desgaste tipo pin on disk.

6.1. Pin on disk

La máquina "pin on disk" proporciona información sobre la resistencia al desgaste y a los efectos tribológicos de fricción de los materiales. El sistema "pin on disk" con el que se han realizado los ensayos es de la marca MT-Microtest modelo MT/30/SCM/T.

Los componentes principales de este tipo de equipo ensayos de desgaste son los siguientes:

- Máquina de ensayos. Este sistema consiste en:
  - Un brazo portabolas.
  - Un accesorio que rota denominado porta muestras.
  - Un dinamómetro electrónico que mide la fuerza tangencial.
  - Controlador de temperatura. Sólo se utiliza en el caso de que el ensayo a realizar se lleve a cabo en el horno y se necesite controlar la temperatura.
- Módulo electrónico SCM3K de control, medida y adquisición de resultados.
- Ordenador y software MT-4001.

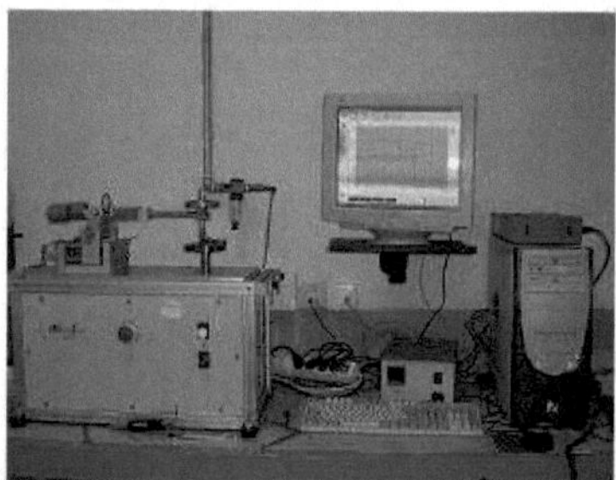

Figura 39: Equipo completo de ensayo de desgaste (izda.) y pin on disk (dcha.)

El sistema es controlado por ordenador y permite obtener y registrar diferentes parámetros:

- Fuerza tangencial.
- Desgaste.
- Temperatura.

Puesto que durante el ensayo se mantiene controlada la fuerza de rozamiento, mediante un transductor de fuerza especial, y se controla la carga mediante masas de valor controlado, es posible a partir de la definición de coeficiente de rozamiento, calcularlo e incluso ver la evolución del mismo a lo largo del ensayo.

Los datos técnicos de la máquina de ensayos MT-Microtest MT/30/SCM/T:

- Fuerza máxima: 30 N.
- Velocidad máxima: 500 r.p.m.
- Motorización: 59 V, 4,3 A y par de salida nominal 0,70 Nm.
- Transmisión: principal mediante correa y sistema de poleas.
- Fuente de alimentación y regulador de motor: transformador toroidal 250 VAC, rectificación y condensador de 1000 µF por HV.

Antes de comenzar el ensayo de desgaste es necesario que el tribómetro esté correctamente nivelado y alineado para evitar esfuerzos no considerados que influyan en los resultados obtenidos. Para evitar que esto ocurra y asegurar la nivelación del equipo hay que:

- Nivelar la bancada. Con un nivel en el centro del portamuestras el equipo mediante la manipulación de los cuatro apoyos.

- Nivelar el brazo de carga. Esta operación se realiza mediante el control de la altura del conjunto portamuestras gracias a la acción de unos tornillos.

- Asegurar el paralelismo de las caras de la probeta.

Antes de colocar la muestra en el equipo hay que pesarla. A continuación, se fija la probeta del acero a ensayar en el portamuestras con la ayuda de unas uñas, tornillos y unos apoyos. En este caso no es necesario el horno porque los ensayos se van a llevar a cabo a temperatura ambiente.

Figura 40: Probeta sujeta en el portamuestras

6.2. Software MT-4001

El software MT-4001 permite controlar y adquirir datos de los ensayos de fricción y desgaste, en tribómetros de tipo "pin on disk". Con este programa se pueden controlar las funciones y parámetros de la máquina desde el ordenador, así como adquirir los datos obtenidos durante el ensayo.

El panel de control de ensayos permite el control directo de la máquina de ensayos desde el ordenador. Éste está dividido en tres zonas:

- Control manual. Sirve para realizar toda la gestión manual y ajustes.
- Configuración del ensayo. Con esta aplicación se selecciona y configura el ensayo que se va a llevar a cabo.

- Ejecución del ensayo. En este modo se supervisan la ejecución de los ensayos y se visualizan los datos de los mismos en tiempo real.

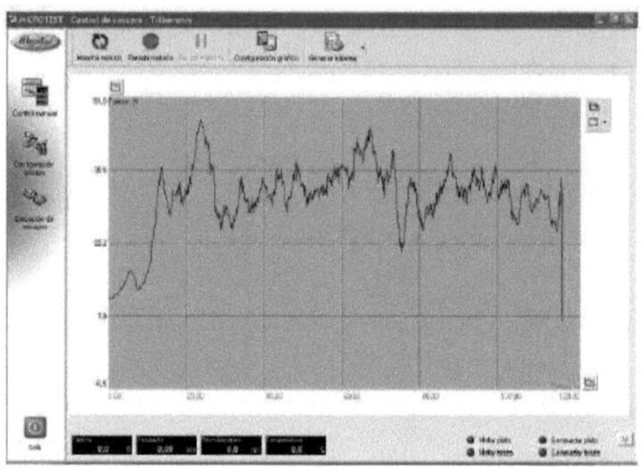

Figura 41: Pantalla de panel de control

La aplicación de análisis de datos permite recuperar los ficheros de datos generados por el programa de control y visualizarlos en pantalla o imprimirlos. Algunas de las posibilidades de este módulo son análisis de datos en forma de hoja de cálculo, configurar el informe de dicho análisis, visualización de los ensayos almacenados, ...

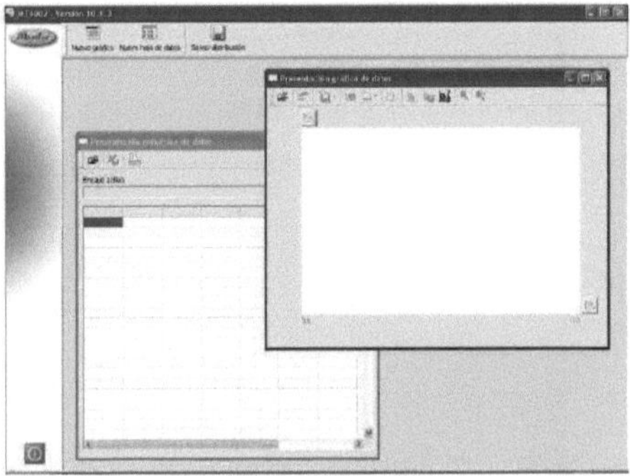

Figura 42: Pantalla de análisis de datos

6.3. Ensayos

Antes de llevar a cabo los ensayos de desgaste ha sido necesario realizar una preparación superficial de cada una de las muestras de las diferentes fundiciones con el objetivo de homogeneizar la rugosidad en todas ellas, así como hacerla mínima, para eliminar la influencia que tiene sobre los resultados de desgaste el acabado superficial [68]. Para ello se ha empleado una rectificadora con muela de carburo de silicio Kair PL-400.

Figura 43: Rectificadora

Tras realizar la preparación superficial se ha obtenido en todas las fundiciones una rugosidad media, Ra, inferior a 1,5µm.

Los parámetros con los que se realizaron la totalidad de los ensayos de desgaste son los siguientes:

- Bola de carburo de wolframio de 4mm de diámetro y 75HRc de dureza.
- Peso aplicado: 10 N.
- Radio de la huella: 8 mm.
- Desgaste lineal total: 1000 m.
- Velocidad de giro del plato: 300 r.p.m.

- Velocidad lineal: 0.25 m/s.
- Duración del ensayo: 19900 revoluciones.
- Temperatura de ensayo: ambiente.

La dureza del pin empleado es muy superior a la dureza del material a ensayar, de forma que el desgaste producido en la muestra es fundamentalmente abrasivo, minimizando la posibilidad de que se produzca desgaste adhesivo.

Dado que la resistencia al desgaste se va a determinar en función de la pérdida de masa experimentada a lo largo del ensayo de desgaste, cuando éste finalice se retira la muestra y se pesa otra vez, al igual que se había hecho al comienzo del mismo. Estas mediciones se realizaron en una balanza de precisión Denver Intrument GMBH serie TB con una precisión de 0,00001g.

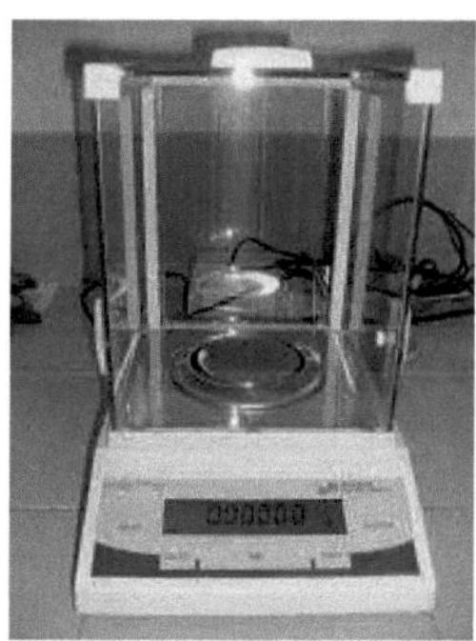

Figura 44: Balanza Denver Instrument

Con este tipo de ensayo también se ha determinado el coeficiente de fricción a lo largo del mismo.

7. PERFILOMETRÍA

La perfilometría es una técnica que permite medir la rugosidad superficial de un material, entendiendo como rugosidad superficial al conjunto de irregularidades que existen en una superficie.

Las características morfológicas de una superficie tanto a nivel microscópico como a nivel macroscópico son factores importantes que gobiernan el comportamiento al desgaste. Es conocido que las superficies, aún las más aparentemente pulidas, muestran variaciones en la medida de alturas de su perfil, simulando, a grandes aumentos, sistemas montañosos con sus picos y valles. El concepto de variaciones en el parámetro superficial es conocido como rugosidad y es una variable muy importante a considerar en algunos fenómenos metalúrgicos.

Para medir la rugosidad de las piezas se utilizan instrumentos electrónicos llamados rugosímetros o perfilómetros, que miden parámetros tales como la profundidad de la rugosidad media (Rz) y el valor de la rugosidad media (Ra) expresada en micras y muestran la lectura de la medida en una pantalla o en un documento gráfico. El perfilómetro, además, permite determinar otros parámetros como la ondulación del perfil.

Para determinar los parámetros de rugosidad se hizo uso de un perfilómetro Rugosurf 90G de la marca TESA Technology, siguiendo la norma ISO 4287.

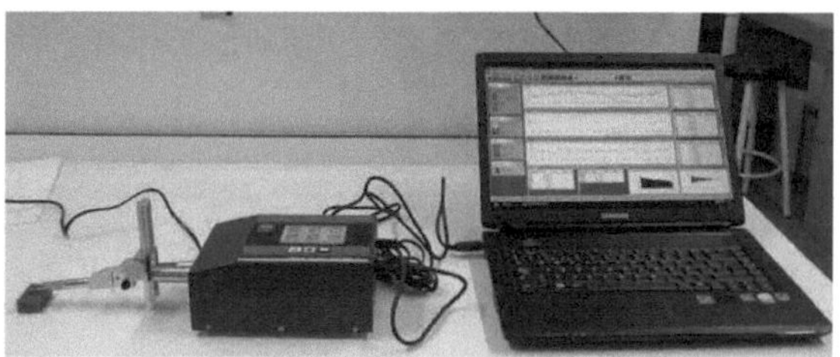

Figura 45: Perfilómetro Rugosurf 90G

Este modelo de perfilómetro consta de las siguientes partes:

- Un palpador inductivo con punta de diamante. Está constituido por una punta fina, llamada estilete, con libertad de movimiento vertical.

- Pantalla táctil en la que se pueden leer valores de medición y gráficos de cálculo.

La unidad de medida empleada han sido los milímetros, con una longitud de cut off de 0,8mm., siendo 5 el número de pasos realizados.

Los parámetros que se van a medir son los siguientes:

- Rugosidad media, Ra.

- Altura de las irregularidades en diez puntos, Rz.

La desviación media aritmética del perfil, Ra, es la media aritmética de los valores absolutos de las desviaciones del perfil en los límites de la longitud básica l, es decir, es la rugosidad media del perfil.

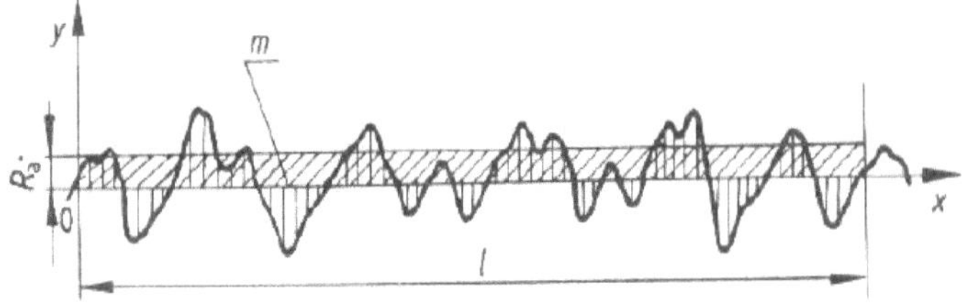

Figura 46: Rugosidad media del perfil de una superficie

La altura de las irregularidades en diez puntos, Rz, se define como la media de los valores absolutos de las alturas de las cinco crestas del perfil más altas y de las profundidades de los cinco valles del perfil más bajos dentro de la longitud básica. Este parámetro nos da idea de la heterogeneidad del perfil, es decir, para un mismo valor de Ra la superficie se considerará más heterogénea cuanto mayor sea el valor de Rz.

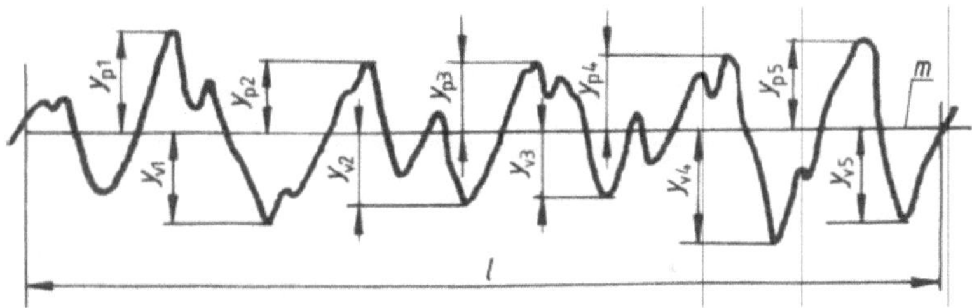

Figura 47: *Altura de las irregularidades en diez puntos*

RESULTADOS Y DISCUSIÓN

Para la realización de la presente tesis se ha estudiado el comportamiento frente al desgaste de 10 fundiciones tipo "silal" con un contenido en carbono y en silicio diferente.

Además del comportamiento frente al desgaste, en todas ellas se ha determinado su contenido en carbono y en silicio, su microestructura, su dureza, así como la resistencia a la tracción y la perfilometría de las huellas de desgaste.

La tabla 3 muestra la composición química (contenido en carbono y silicio) de la fundición 1, así como los resultados obtenidos para los ensayos de dureza, tracción, desgaste, y perfilometría efectuados en esta fundición.

Los valores de composición química que se muestran en la tabla 3 son el resultado de la media obtenida tras cinco ensayos diferentes, mientras que en el caso de los resultados de tracción (resistencia a la tracción y deformación a la rotura) y los valores de dureza se ha efectuado la media entre tres ensayos válidos, descartándose aquellos ensayos que se desviaban de la misma.

En el caso de los ensayos tribológicos, y debido al problema conocido de falta de reproducibilidad que existe en casi todas las técnicas dentro de este campo, existe una problemática diferente a la hora de determinar la validez o no de un ensayo, que se agrava en este caso dado que el orden de magnitud de la pérdida de masa que se ha medido en las distintas muestras es diferente. Para subsanar este problema se ha empleado como patrón de referencia el coeficiente de variación, calculado en cada ensayo como la relación de la desviación estándar de la medida obtenida y el valor de la media. De esta manera se independiza el valor de la variación estándar del valor de la media, y permite comparar la bondad de los ensayos llevados a cabo con muestras distintas que presentan pérdidas de masa muy diferentes. El criterio fijado en este caso para aceptar o no un ensayo como bueno es que presente un coeficiente de variación inferior a 0.20. Con este criterio se han realizado para el conjunto de las diez muestras un total de 71 ensayos, de los cuales sólo 37 han sido considerados válidos.

Tabla 3: Resultados obtenidos para la fundición 1

Fundición 1									
Composición		Dureza	Tracción		Pin on disk			Perfilometría	
C (%)	Si (%)	HB	σ (MPa)	ε (%)	mg	Coeficiente de variación	μ	Ra	Rz
2.05	6.22	255	98.77	0.36	5.39	0.06	0.49	1.06	7.08

La figura 48 muestra la microestructura que presenta la fundición 1. Para realizar el estudio metalográfico de cada una de las fundiciones se han obtenido micrografías a 50, 200, 500 y 1000 aumentos. De ellas se muestran a las de 50 y 200 aumentos por considerarse las más representativas de cada una de las fundiciones. En esta figura se puede apreciar que la microestructura de la fundición 1 está formada una matriz ferrítico-perlítica y, a pesar de haber sido colada con una cantidad de Ni-Mg 5 veces inferior que el resto de las fundiciones, el carbono está presente en forma de grafito esferoidal.

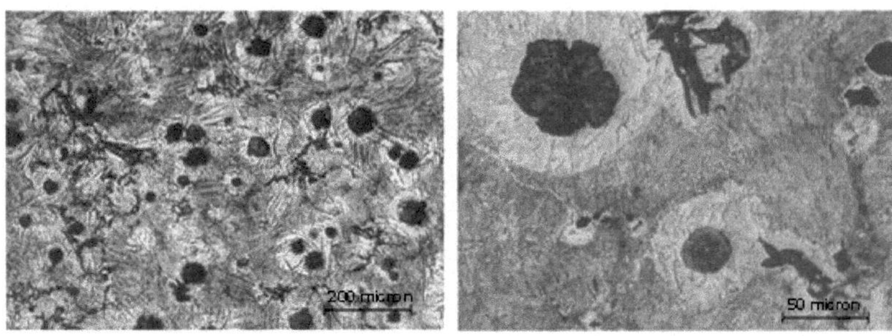

Figura 48: Microestructura de la fundición 1 (50X a la izquierda y 200X a la derecha)

La figura 49 muestra el comportamiento del coeficiente de fricción a lo largo del ensayo de desgaste (el valor presentado en la tabla 3 se corresponde con la media de los valores medios medidos durante los diferentes ensayos), que es coincidente con el patrón observado en las fundiciones 2, 8 y 10. Tal y como se observa, el coeficiente de fricción aumenta progresivamente a lo largo de todo el ensayo, llegando a estabilizarse en un valor constante únicamente al final del mismo.

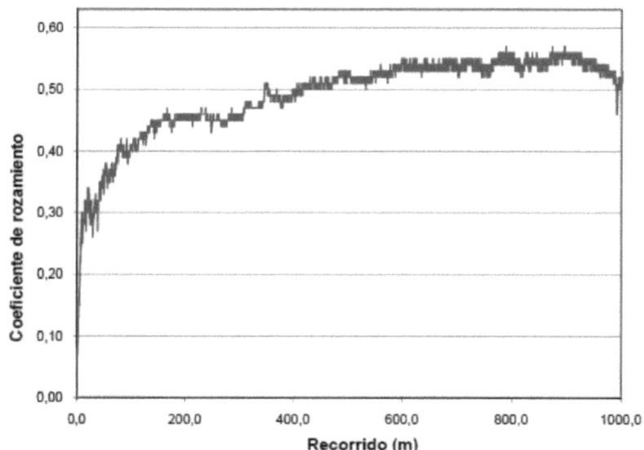

Figura 49: Patrón de comportamiento del coeficiente de fricción durante el ensayo de desgaste para las fundiciones 1, 2, 8 y 10

En la figura 50 se muestran los perfiles medidos para las huellas de desgaste obtenidas mediante el ensayo pin on disk para la fundición 1. El perfil central muestra la forma de la huella, mientras que el inferior muestra la rugosidad que presenta la misma y el superior presenta una imagen compuesta (el perfil real) de la misma.

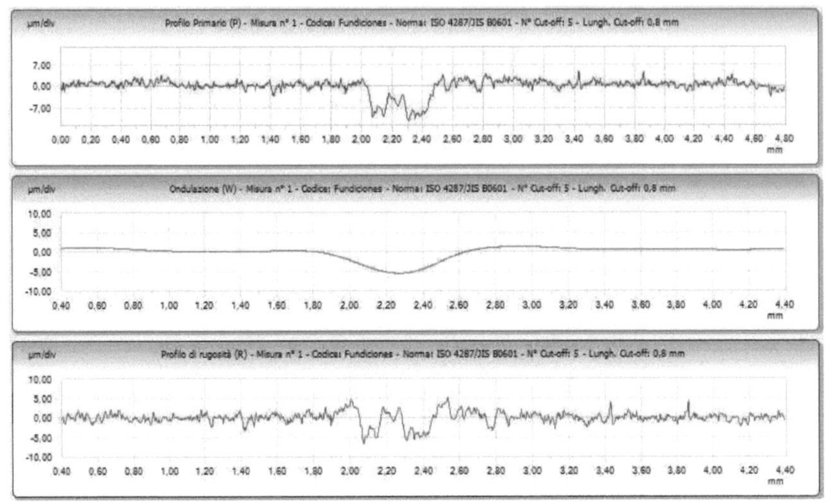

Figura 50: Perfiles de la huella de la fundición 1

Los resultados obtenidos en los distintos ensayos para la fundición 2 se muestran de manera análoga a los anteriores en la tabla 4.

Tabla 4: Resultados obtenidos para la fundición 2

Fundición 2									
Composición		Dureza	Tracción		Pin on disk			Perfilometría	
C (%)	Si (%)	HB	σ (MPa)	ε (%)	mg	Coeficiente de variación	µ	Ra	Rz
2.03	4.66	252	107.75	0.23	3.00	0.07	0.58	1.36	8.26

Puede observarse que el contenido en carbono de esta fundición es prácticamente igual al de la fundición 1, mientras que el contenido en silicio es sensiblemente inferior (en torno a un 1.8 % menor).

Esta menor cantidad de silicio se traduce en la formación de grafito esferoidal de forma más imperfecta, tal y como se puede observar en la microestructura de la fundición 2 que se muestra en la figura 51. Se aprecia como el grafito presenta una forma más irregular y además está distribuido en mayor número de partículas de tamaños muy distintos.

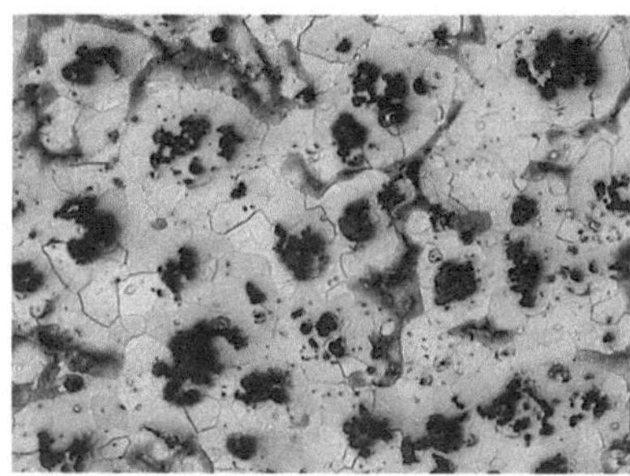
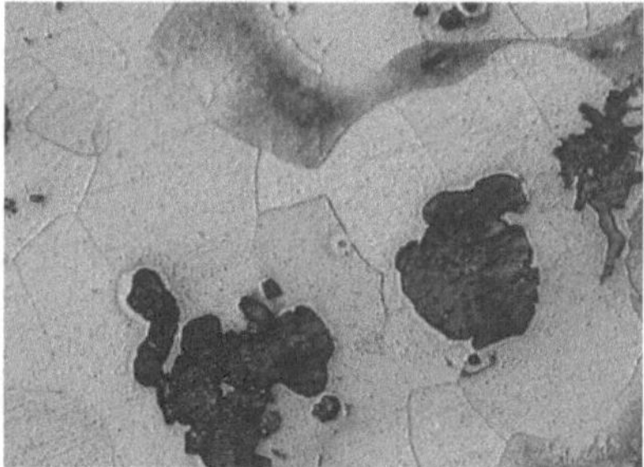

Figura 51: Microestructura de la fundición 2 (50X a la izquierda y 200X a la derecha)

En la microestructura también se puede apreciar como la matriz sigue siendo ferrítico-perlítica, aunque con una cantidad de perlita algo inferior. Esto explica el valor ligeramente inferior de dureza.

Los valores obtenidos en los ensayos de tracción para las dos fundiciones son muy semejantes, siendo ligeramente superiores la resistencia a tracción de la fundición 2 y la deformación de la fundición 1.

En cuanto a los resultados obtenidos en el ensayo pin on disk podemos observar como el coeficiente de fricción tiene un valor medio superior, mientras que la pérdida de masa experimentada por la fundición 2 es inferior. Esto puede explicarse si atendemos de nuevo a la distribución de las partículas de grafito, que podrían desprenderse con mayor facilidad en el caso de la fundición 1 provocando que disminuya el coeficiente de fricción y que aumente la pérdida de masa experimentada, a pesar de que el valor de dureza es muy similar entre las dos fundiciones.

La figura 52 muestra el perfil de la huella de desgaste para la fundición 2. Los valores tanto de rugosidad media (Ra) como de heterogeneidad de la huella (Rz) son muy similares entre las dos fundiciones, siendo algo superiores los medidos en el caso de la segunda muestra.

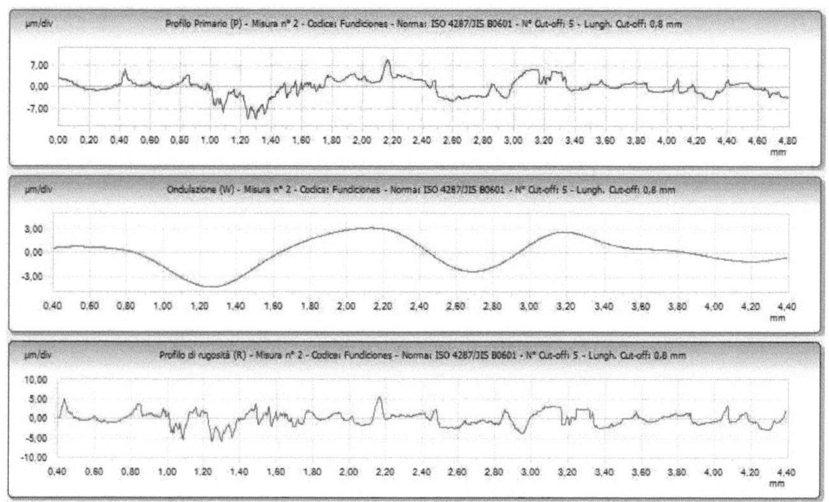

Figura 52: Perfiles de la huella de la fundición 2

En el caso de la fundición 3 el contenido en carbono sigue siendo prácticamente igual que los dos anteriores, mientras que el contenido en silicio es todavía más bajo que el que presenta la fundición 2 (casi la mitad de la fundición 1).

Tabla 5: Resultados obtenidos para la fundición 3

Fundición 3									
Composición		Dureza	Tracción		Pin on disk			Perfilometría	
C (%)	Si (%)	HB	σ (MPa)	ε (%)	mg	Coeficiente de variación	μ	Ra	Rz
2.02	3.62	285	104.68	0.55	3.06	0.13	0.62	2.85	16.31

En la microestructura que se muestra en la figura 53 se puede observar de nuevo grafito esferoidal sobre una matriz ferrítico-perlítica muy semejante a la que se mostró para la fundición 1. En este caso el valor de dureza que se mide es muy superior al de la primera fundición, lo que explica que su comportamiento frente al desgaste sea sensiblemente superior.

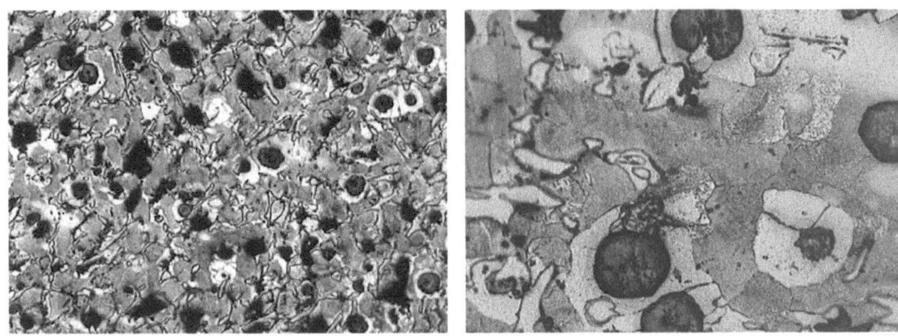

Figura 53: Microestructura de la fundición 3 (50X a la izquierda y 200X a la derecha)

Una diferencia importante encontrada con respecto a la fundición 1 es el comportamiento del coeficiente de fricción durante el ensayo de desgaste. En la figura 54 se representa el coeficiente de fricción a lo largo del ensayo de desgaste que experimentan las fundiciones 3, 5 y 9. Se puede apreciar como el coeficiente de rozamiento va aumentando de manera progresiva a lo largo del primer tercio de ensayo para a continuación permanecer constante en los dos tercios restantes. Este patrón se corresponde con los valores de coeficiente de fricción más elevados de las 10 fundiciones analizadas.

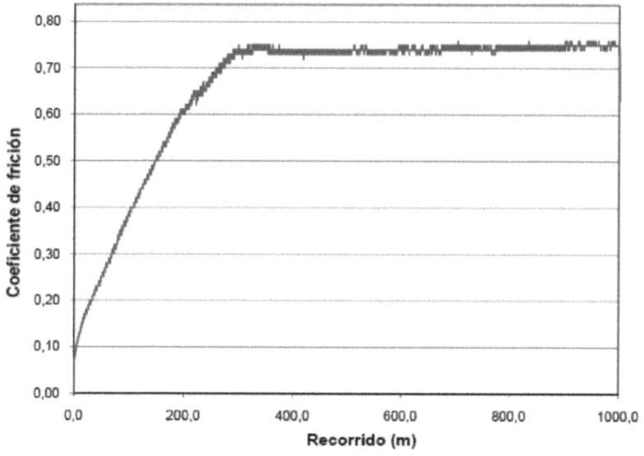

Figura 54: Patrón de comportamiento del coeficiente de fricción durante el ensayo de desgaste para las fundiciones 3, 5 y 9

Los valores de rugosidad, Ra y Rz, medidos en la huella de desgaste de la fundición 3 son superiores a los obtenidos en los otros dos casos, lo que podría indicar una mayor heterogeneidad en la superficie del material que explicaría también el coeficiente de variación más elevado en los ensayos de desgaste.

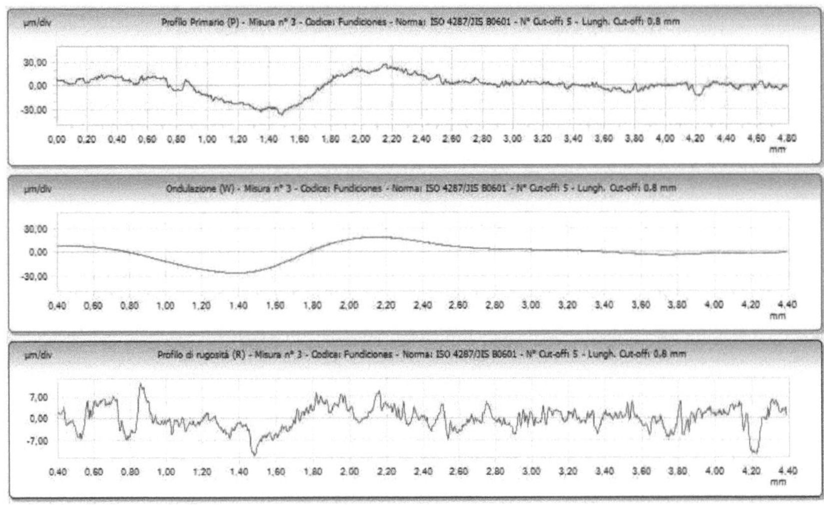

Figura 55: Perfiles de la huella de la fundición 3

La tabla 6 muestra los resultados de los diferentes ensayos realizados sobre la fundición 4. La primera diferencia de esta fundición con respecto a todas las demás la encontrábamos en el proceso de colada, puesto ha sido la única colada con cloruro de magnesio en lugar de con Ni-Mg. El contenido en carbono es el más alto de las diez fundiciones analizadas en el conjunto del trabajo, y el contenido en silicio sólo es inferior al de la fundición 1 de las que hasta el momento se han presentado.

Tabla 6: Resultados obtenidos para la fundición 4

Fundición 4									
Composición		Dureza	Tracción		Pin on disk			Perfilometría	
C (%)	Si (%)	HB	σ (MPa)	ε (%)	mg	Coeficiente de variación	μ	Ra	Rz
2.71	5.29	136	78.61	0.55	36.13	0.12	0.46	2.06	12.23

Pese estos valores de composición la dureza de la fundición 4 es la menor de las diez con mucha diferencia. Si observamos la figura 56 que presenta la microestructura de la fundición 4 podemos ver como es la única que tiene el grafito en forma laminar, y la matriz enteramente ferrítica. Esto implica que el procedimiento elegido para la colada no consigue el objetivo buscado, el grafito esferoidal, y que además la cantidad de carbono se concentra en mayor medida en forma de grafito lo que disminuye la dureza de la fundición.

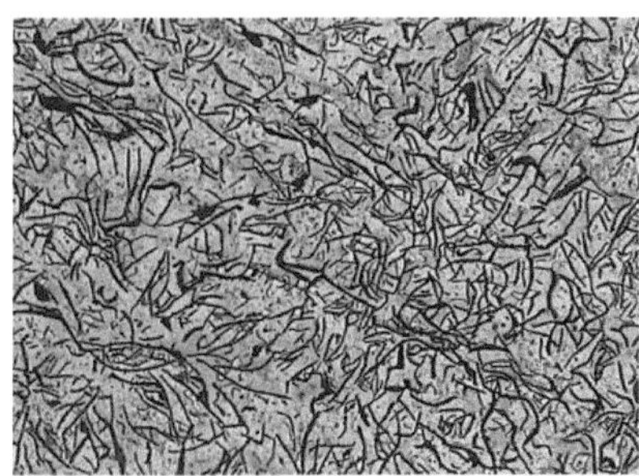

Figura 56: Microestructura de la fundición 4 (50X a la izquierda y 200X a la derecha)

Consecuentemente con este bajo valor de dureza la pérdida de masa que la fundición experimenta durante el ensayo pin on disk es de un orden de magnitud superior al de las otras fundiciones presentadas. Así mismo se ha obtenido el valor más bajo hasta el momento para la resistencia a la tracción y una de las mayores deformaciones.

La figura 57 corresponde al patrón del coeficiente de rozamiento de las fundiciones 4 y 6. Éste crece rápidamente al comienzo del ensayo, para estabilizarse acto seguido a lo largo del mismo. Este patrón se corresponde con valores de coeficiente de fricción más bajos de todas las muestras ensayadas.

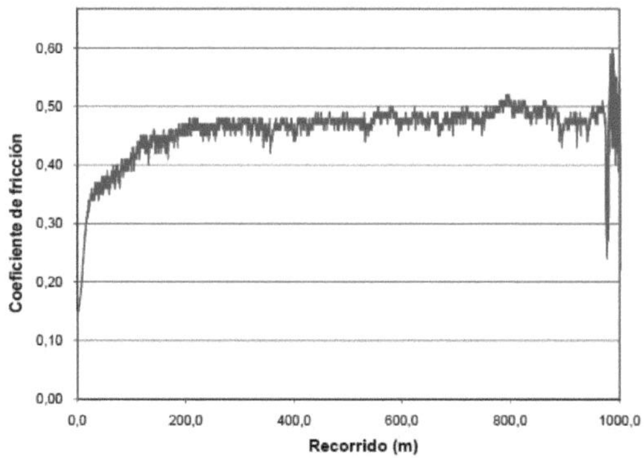

Figura 57: Patrón de comportamiento del coeficiente de fricción durante el ensayo de desgaste para las fundiciones 4 y 6

Los valores de Ra y Rz obtenidos en las huellas pin on disk son muy parecidos a los obtenidos en el caso de la fundición 3. Los perfiles se muestran en la figura 58.

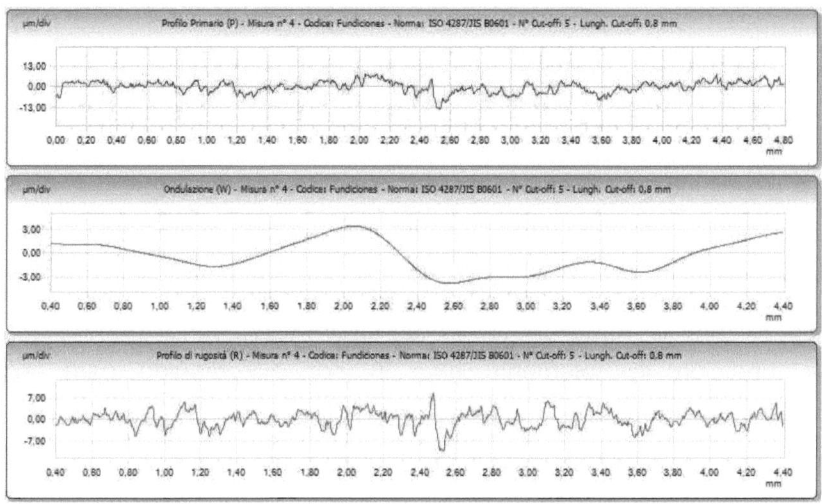

Figura 58: Perfiles de la huella de la fundición 4

La fundición 5 es la que tiene un contenido menor en carbono de las diez fundiciones estudiadas (tabla 7), mientras que el contenido en silicio de esta fundición es uno de los más altos de todos y el mayor de los mostrados hasta el momento.

Tabla 7: Resultados obtenidos para la fundición 5

Fundición 5									
Composición		Dureza	Tracción		Pin on disk			Perfilometría	
C (%)	Si (%)	HB	σ (MPa)	ε (%)	mg	Coeficiente de variación	μ	Ra	Rz
1.56	6.76	237	92.48	0.36	1.87	0.02	0.66	7.11	31.11

En esta fundición tampoco se ha obtenido grafito esferoidal, sino que éste está presente en el borde de grano de forma interdendrítica, y la matriz vuelve a ser enteramente ferrítica (figura 59). El valor de dureza sin embargo es notablemente superior al de la fundición 4, solamente algo inferior al obtenido para las fundiciones 1 y 2, con una resistencia a tracción y una deformación a la rotura muy semejante a la de la primera muestra.

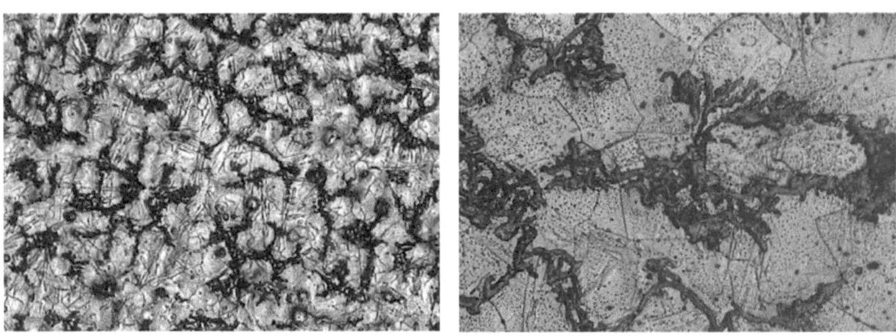

Figura 59: Microestructura de la fundición 5 (50X a la izquierda y 200X a la derecha)

La fundición 5 es la que del conjunto de todas las muestras ensayadas ha presentado un mejor comportamiento frente al desgaste. Esto podría explicarse por la forma en que se presenta el grafito, que no favorece su desprendimiento a lo largo del ensayo disminuyendo la pérdida de masa que se mide en el mismo. De esta forma se justifica también tanto la tendencia del coeficiente de fricción (figura 54) como el elevado valor del coeficiente de fricción (no hay partículas de grafito que se desprendan y hagan de elemento lubricante). En este caso, la falta de desprendimiento de partículas sería el fenómeno preponderante frente a la falta de lubricación para explicar el mejor comportamiento frente al desgaste.

La figura 60 muestra los perfiles de la huella de desgaste obtenidos para la fundición 5.

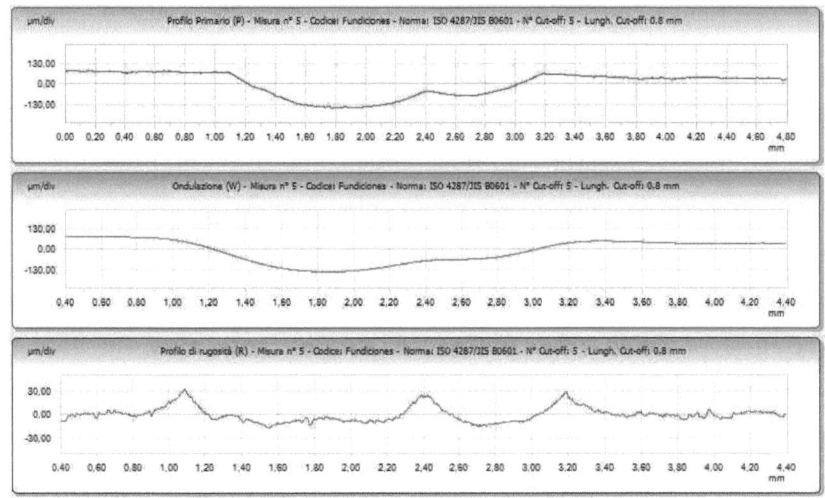

Figura 60: Perfiles de la huella de la fundición 5

La tabla 8 presenta los resultados obtenidos para los ensayos de composición, dureza, desgaste, tracción y perfilometría realizados sobre la fundición 6. En este caso el contenido de silicio es el menor de las diez fundiciones, mientras que el contenido en carbono presenta un valor medio.

Tabla 8: Resultados obtenidos para la fundición 6

Fundición 6									
Composición		Dureza	Tracción		Pin on disk			Perfilometría	
C (%)	Si (%)	HB	σ (MPa)	ε (%)	mg	Coeficiente de variación	μ	Ra	Rz
2.33	3.35	229	110.09	0.55	54.25	0.06	0.38	1.15	7.70

La figura 61 muestra la microestructura de la fundición 6. Ésta está formada por grafito laminar, aunque en menor cantidad que en la fundición 4, y matriz nuevamente ferrítica.

El valor de dureza obtenido, al igual que el contenido en carbono, presenta un valore medio con respecto al resto de las fundiciones, mientras que la resistencia a tracción es la más alta de todas, aunque los valores obtenidos en la mayoría de las muestras no presentan diferencias significativas.

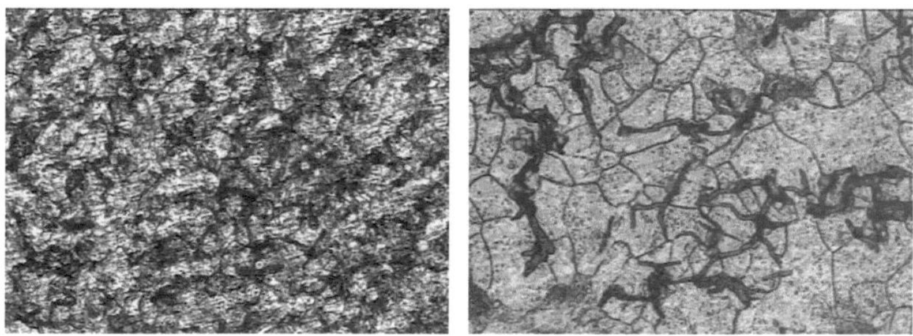

Figura 61: Microestructura de la fundición 6 (50X a la izquierda y 200X a la derecha)

La pérdida de masa que presenta la fundición 6 sólo es comparable, de entre las fundiciones ya analizadas, con la obtenida para la fundición 4, que presentaba la microestructura más similar y el mismo patrón de comportamiento del coeficiente de fricción, estabilizados alrededor del valor medio desde las primeras etapas del ensayo y con valores medios relativamente bajos, lo que implicaría una alta cantidad de grafito desprendido (mucha pérdida de masa) que actuaría como lubricante durante el ensayo (bajo coeficiente de fricción).

Los valores obtenidos para Ra y Rz vuelven a ser comparables a los obtenidos para las dos primeras fundiciones, y los perfiles de la huella son los que se muestran en la figura 62.

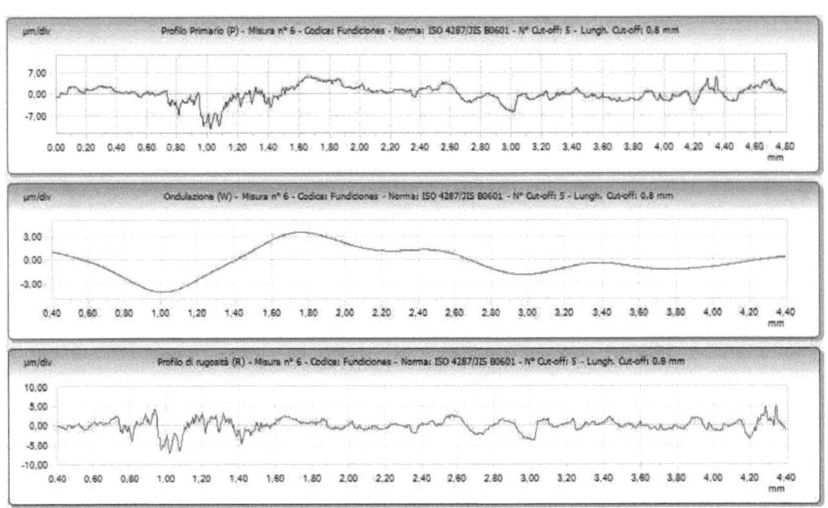

Figura 62: Perfiles de la huella de la fundición 6

La fundición 7 es la segunda que mayor contenido en silicio tiene, mientras que el contenido en carbono es similar a los de las fundiciones 1, 2 y 3. La tabla 9 recoge los resultados obtenidos para esta fundición.

Tabla 9: Resultados obtenidos para la fundición 7

Fundición 7										
Composición		Dureza	Tracción		Pin on disk			Perfilometría	
C (%)	Si (%)	HB	σ (MPa)	ε (%)	mg	Coeficiente de variación	μ	Ra	Rz
2.09	6.92	205	90.86	0.45	66.22	0.06	0.35	1.08	6.67

La figura 63 muestra la microestructura de la fundición 7. En ella se aprecia grafito con dos presentaciones, en forma esferoidal y en forma de agujas, siendo éste último el que aparece en mayor proporción, mientras que la matriz es ferrítica.

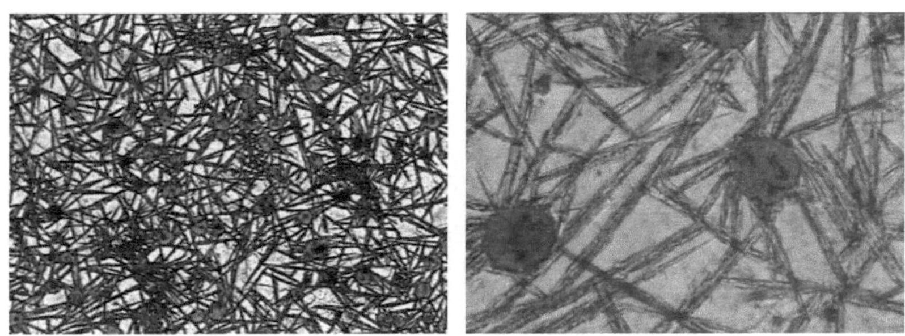

Figura 63: Microestructura de la fundición 7 (50X a la izquierda y 200X a la derecha)

Esta microestructura provoca que a pesar de tener un contenido en carbono y en silicio similar a la fundición 1 el valor de la dureza es notablemente inferior, al igual que la pérdida de masa durante el ensayo pin on disk, que es la mayor medida en todas las fundiciones, lo que se puede explicar si se observa el patrón de comportamiento del coeficiente de fricción mostrado en la figura 64.

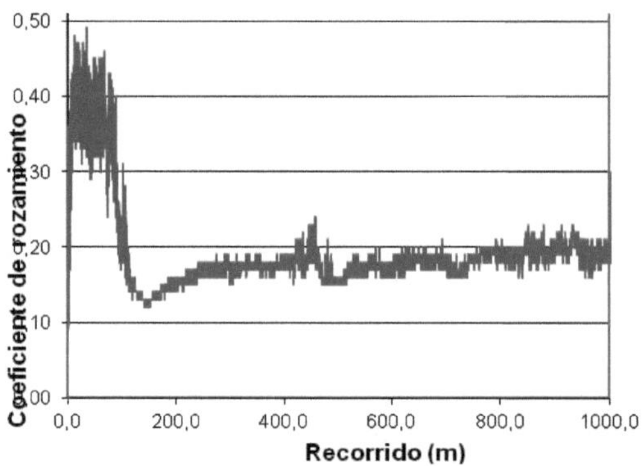

Figura 64: Patrón de comportamiento del coeficiente de fricción durante el ensayo de desgaste para la fundición 7

En la figura 64 puede observarse como al inicio del ensayo el coeficiente de fricción aumenta de manera brusca, para disminuir drásticamente a continuación hasta un valor próximo a la mitad del alcanzado inicialmente y mantenerse estabilizado en ese valor durante el resto del ensayo. Este patrón es único para esta fundición, e implica un coeficiente de fricción medio muy bajo (el menor de todos, sólo comparable al obtenido para la fundición 6).

En el inicio del ensayo se produce el desprendimiento de gran cantidad de masa (grafito) que posteriormente actúa como lubricante disminuyendo el coeficiente de fricción, pero sin poder evitar el desgaste de la matriz ferrítica.

La figura 65 muestra los perfiles obtenidos para la huella de desgaste de la fundición 7, con unos valores de Ra y Rz de los menores medidos para las diez fundiciones.

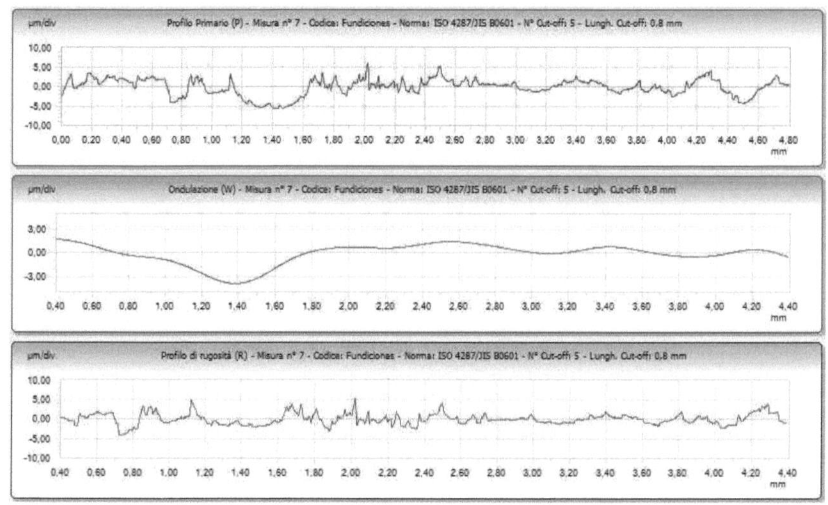

Figura 65: Perfiles de la huella de la fundición 7

En la tabla 10 se recogen todos los resultados obtenidos para la fundición 8. El contenido en carbono es uno de los más altos de todas las fundiciones, y el contenido en silicio tiene un valor medio.

Tabla 10: Resultados obtenidos para la fundición 8

Fundición 8									
Composición		Dureza	Tracción		Pin on disk			Perfilometría	
C (%)	Si (%)	HB	σ (MPa)	ε (%)	mg	Coeficiente de variación	μ	Ra	Rz
2.31	5.94	234	91.19	0.27	13.26	0.13	0.56	4.43	21.66

La microestructura de la fundición 8 se puede apreciar en la figura 66. Se observa una matriz ferrítica sobre la que se encuentre grafito esferoidal y grafito laminar en una proporción mucho menor que en el caso de la fundición 7 vista anteriormente. Esta menor cantidad de carbono en forma de grafito genera que el valor de la dureza sea superior a la de la muestra anterior.

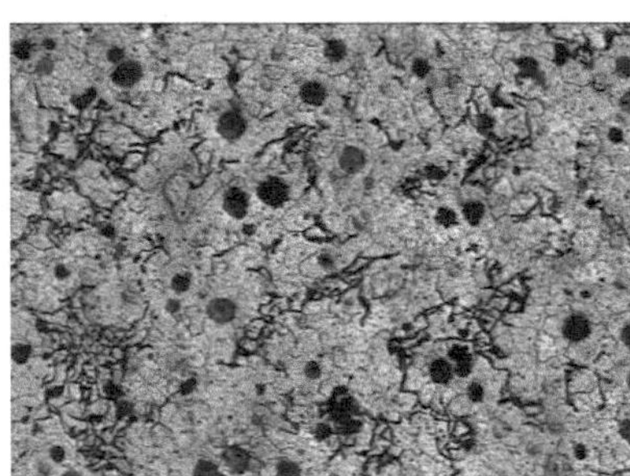
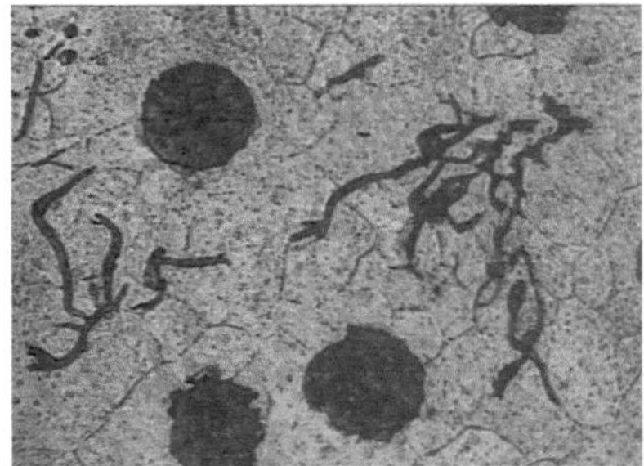

Figura 66: Microestructura de la fundición 8 (50X a la izquierda y 200X a la derecha)

Los valores obtenidos para la resistencia a tracción son similares a los de la fundición 7, mientras que la deformación a rotura mostrada por la fundición 8 es ligeramente inferior, aunque de nuevo hay que destacar que las variaciones en los ensayos de tracción entre la mayoría de las funciones son mínimas.

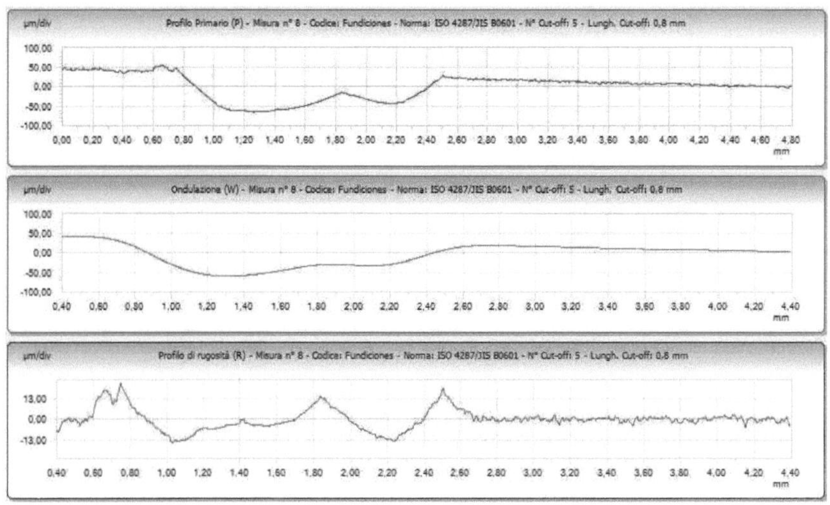

Figura 67: Perfiles de la huella de la fundición 8

La figura 67 muestra los perfiles de la huella de desgaste realizada en el ensayo pin on disk para la fundición 8. La pérdida de masa que experimenta esta muestra es muy inferior al mostrado por la fundición 7, lo que se puede explicar de nuevo por la menor cantidad de grafito que hay presente en la microestructura y que genera que al desprenderse la cantidad de masa perdida sea menor. El comportamiento del coeficiente de fricción en este caso sigue el patrón de la figura 49, al igual que las fundiciones 1 y 2 ya vistas y la fundición 10 aún sin analizar, y el coeficiente de fricción medio para todas estas fundiciones es muy similar. Si comparamos la microestructura de las fundiciones 1, 2 y 8 vemos que la diferencia fundamental estriba en que en los dos primeros casos todo el carbono en forma de grafito está en forma esferoidal, mientras que en el caso de la fundición 8 existen además láminas de grafito. Además, la dureza de las dos primeras es prácticamente igual y sensiblemente superior a la de la fundición 8, lo que explica que la cantidad de masa perdida durante el ensayo de desgaste sea mayor en este último caso.

La tabla 11 muestra el resumen de los resultados obtenidos para la fundición 9 en los diferentes ensayos efectuados sobre la misma.

Tabla 11: Resultados obtenidos para la fundición 9

Fundición 9									
Composición		Dureza	Tracción		Pin on disk			Perfilometría	
C (%)	Si (%)	HB	σ (MPa)	ε (%)	mg	Coeficiente de variación	μ	Ra	Rz
1.82	9.11	329	72.98	0.36	10.64	0.13	0.58	1.31	8.70

La fundición 9 es la que segunda con menor contenido en carbono y la de mayor contenido en silicio. A pesar de ser el menor contenido en carbono es la fundición que presenta el mayor valor de dureza, lo que se explica en función de su microestructura (figura 68), formada por una matriz de austenita y agujas de martensita con la presencia de algunas partículas de grafito esferoidal. Esta matriz es la que proporciona el elevado valor de dureza. Sin embargo, y al contrario de lo cabría esperar, el valor medido para la resistencia a la tracción es el menor de todos, lo que no se justifica excepto si asumimos que, como ya se ha comentado, las diferencias obtenidas entre los diferentes ensayos no son demasiado grandes ni significativas.

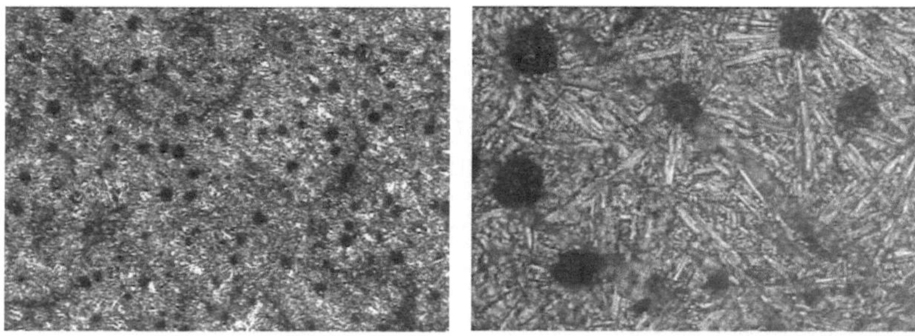

Figura 68: Microestructura de la fundición 9 (50X a la izquierda y 200X a la derecha)

En cuanto a la resistencia al desgaste, de nuevo el comportamiento no es el esperado en función de la dureza y de la matriz que presenta la fundición, presentando una pérdida de masa bastante mayor a la de las fundiciones 1, 2, 3 y 5 (las de mejor comportamiento). Las tres primeras fundiciones presentaban una microestructura con grafito en forma más o menos esferoidal, sin otra forma de grafito diferente, y matriz ferrítico-perlítica con cantidades variables de ferrita y perlita en la misma. La fundición 9 también tiene todo el grafito en forma esferoidal, y además su matriz está constituida por austenita y fundamentalmente martensita, cuya resistencia al desgaste debería ser superior. El mejor comportamiento es el de la fundición 5, que tiene todo su grafito en el borde de grano de forma interdendrítica.

El coeficiente de fricción de la fundición 9 sigue el mismo patrón que la fundición 3 y 5 (figura 54), aumentando progresivamente durante las primeras etapas del ensayo y estabilizándose después en valores muy elevados.

La única explicación para estos valores de pérdida de masa inesperados puede ser que las agujas de martensita se desprendan durante el ensayo y actúen como partículas abrasivas durante el mismo, aumentando de esta forma el desgaste generado sobre la superficie de la muestra.

La figura 69 muestra los perfiles de la huella de desgaste de la fundición 9.

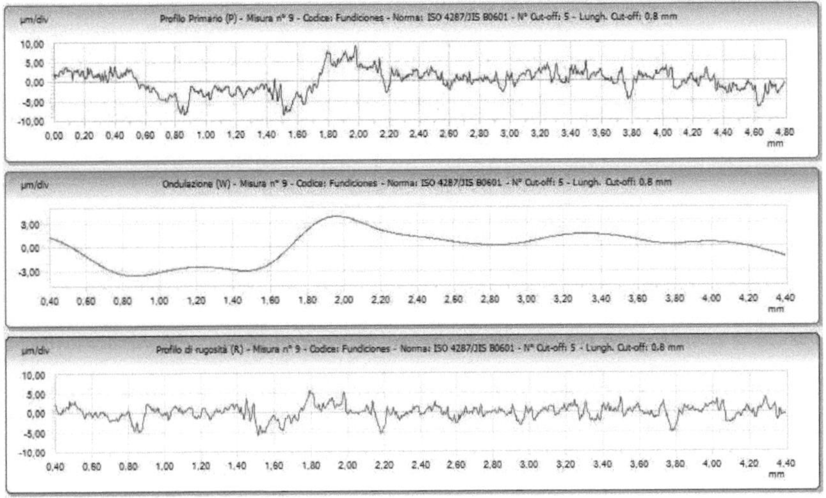

Figura 69: Perfiles de la huella de la fundición 9

La última fundición estudiada es la número 10, con el segundo mayor contenido en carbono (sólo por detrás de la fundición 4) y con un contenido medio en silicio. En la tabla 12 se puede observar los valores de la composición química de esta fundición, así como el resto de los resultados obtenidos en los ensayos de dureza, tracción y desgaste.

Tabla 12: Resultados obtenidos para la fundición 10

Fundición 10										
Composición		Dureza	Tracción		Pin on disk			Perfilometría	
C (%)	Si (%)	HB	σ (MPa)	ε (%)	mg	Coeficiente de variación	μ	Ra	Rz
2.39	5.33	269	109.95	0.45	21.63	0.17	0.53	0.97	7.51

La dureza medida es la segunda más alta, acorde con el contenido en carbono, y la resistencia a la tracción también es de las altas que se han obtenido.

En la figura 70 se muestra la microestructura de la fundición 10, pudiendo apreciarse una matriz ferrítica y grafito en forma esferoidal.

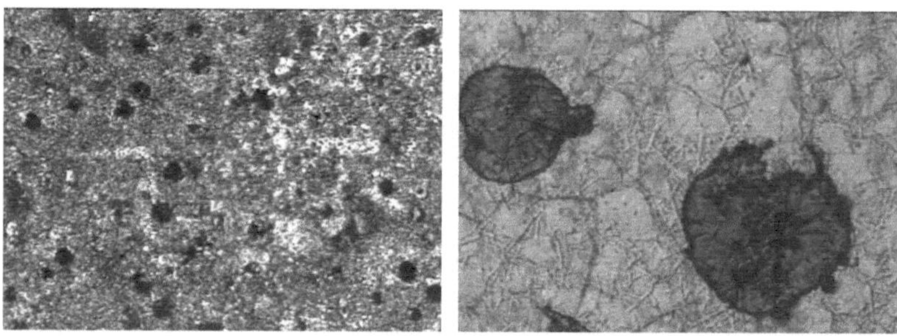

Figura 70: Microestructura de la fundición 10 (50X a la izquierda y 200X a la derecha)

La microestructura se asemeja a la mostrada por las fundiciones 1 y 2 (el comportamiento del coeficiente de fricción sigue el mismo patrón de la figura 49), con la diferencia fundamental de que en la matriz no existe perlita si no que es enteramente ferrítica. Esta diferencia implica que a pesar de su mejor valor de dureza su comportamiento al desgaste sea muy inferior, puesto que una matriz más blanda resiste menos la abrasión y favorece el desprendimiento de las partículas de grafito, lo que hace que la pérdida de masa durante el ensayo crezca considerablemente.

Los valores de Ra y Rz son los menores de todas las fundiciones estudiadas. La figura 71 muestra los perfiles obtenidos para la huella de desgaste de la fundición 10.

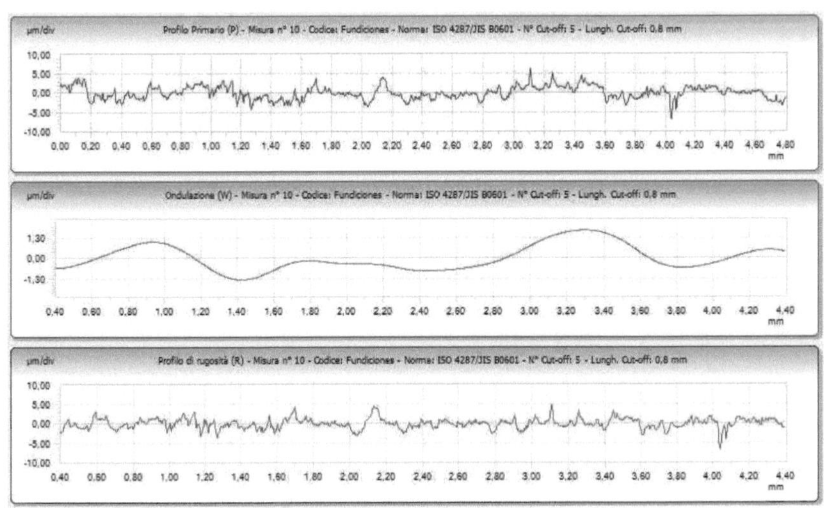

Figura 71: Perfiles de la huella de la fundición 10

En la gráfica de la figura 72 se muestra como resumen los resultados obtenidos en los ensayos de desgaste y dureza para las diez fundiciones, ordenando las muestras en función del contenido en carbono, siendo la fundición 5 la de menor contenido y la fundición 4 la que más carbono presenta. El contenido en carbono se ha multiplicado por 10 para poder ser representado con el resto de variables.

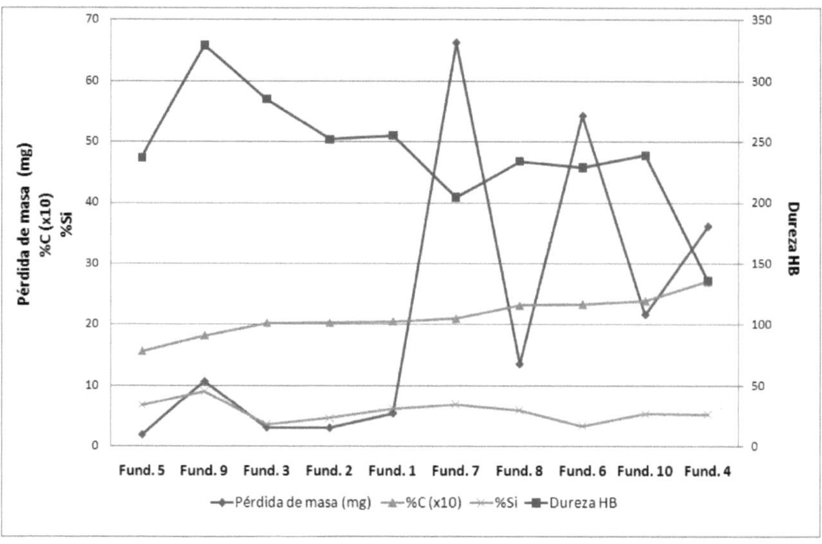

Figura 72: Resultados de desgaste, dureza y coeficiente de fricción obtenidos para las diez fundiciones

Se puede comprobar que, de manera general, la pérdida de masa aumenta con el contenido en carbono. Esto se debe a que el grafito presente en las diferentes muestras, tanto mayor cuanto mayor es el contenido en carbono, es un compuesto blando que se desprende en las primeras etapas del ensayo de desgaste ocasionando una mayor pérdida de masa. En esta tendencia existen tres excepciones que se corresponden con la fundición 6, la fundición 7 y la fundición 9.

La fundición 7 es de todas las muestras analizadas la que presenta un peor comportamiento frente al desgaste, es decir, una mayor pérdida de masa. Esto se debe a que esta muestra presenta en su microestructura, además de grafito esferoidal, grafito en forma de agujas, además de una matriz ferrítica.

De las diez muestras analizadas es la fundición 5 la que tiene un mejor comportamiento frente al desgaste, esto se justifica observando la microestructura de la muestra, figura 59, formada por una matriz ferrítica y grafito interdendrítico, además de presentar a lo largo del ensayo de desgaste el mayor de los coeficientes de fricción. Este elevado valor de rozamiento, en comparación con las nueve muestras restantes, se debe a que esta fundición no presenta grafito esferoidal en su microestructura con lo cual no se produce ese efecto lubricante que posee esta forma de grafito.

En la gráfica reflejada en la figura 72 se puede observar como al aumentar la dureza disminuye la pérdida de masa experimentada durante el ensayo de desgaste, con claras excepciones, todas ellas correspondientes a las fundiciones que poseen en su microestructura matriz enteramente ferrítica.

CONCLUSIONES

Han sido analizadas diez fundiciones tipo “silal” en relación a su comportamiento frente al desgaste, su contenido en carbono y en silicio, su microestructura y su dureza Brinell. Nueve de estas fundiciones han sido coladas añadiendo Ni-Mg, mientras que sólo una de ellas se ha fabricado con Cl-Mg.

La fundición 4, la única fabricada con Cl_2Mg como elemento globulizante, no globuliza, sino que presenta el grafito de forma laminar, por lo que se ha demostrado que el Cl_2Mg en esas condiciones no es eficaz para conseguir la globulización del carbono.

Las fundiciones con grafito laminar en su estructura son las que peor resistencia al desgaste presentan, en cambio son las que tienen una mayor resistencia a la tracción, aunque las diferencias encontradas en los ensayos de tracción no son demasiado significativas.

La fundición que posee menor contenido en carbono es la única que posee grafito interdendrítico en su microestructura y la que mejor comportamiento frente al desgaste presenta.

La fundición con mayor contenido en silicio es la única que no presenta ferrita en su matriz, siendo ésta completamente austenítica.

Las fundiciones con contenidos en carbono del 2% y porcentajes de silicio del 3-4% presentan en su microestructura una matriz ferritico-perlítica y garfito esferoidal. Estas fundiciones, a su vez, tienen en general un buen comportamiento frente al desgaste (pérdidas de masa comprendidas entre 2 y 5 mg).

Las fundiciones con un contenido en carbono superior al 2% presentan matrices enteramente ferríticas en su microestructura.

Se ha podido comprobar que, en general, a medida que aumenta el contenido en carbono de este tipo de fundiciones también lo hace la pérdida de masa, es decir, al aumentar el contenido en carbono disminuye la resistencia al desgaste.

En general, al aumentar la dureza disminuye la pérdida de masa experimentada durante el ensayo de desgaste, con claras excepciones, todas ellas correspondientes a las fundiciones que poseen en su microestructura matriz enteramente ferrítica.

Se ha observado que, en general, la microestructura de las fundiciones está relacionada con el patrón de fricción durante el ensayo de desgaste. Las fundiciones con menor contenido en carbono (fundición 3, fundición 5 y fundición 9) presentan el mismo patrón de fricción, donde éste aumenta progresivamente a lo largo de todo el ensayo, llegando a estabilizarse en un valor constante únicamente al final del mismo. Las fundiciones 4 y 6, que son las únicas que tienen grafito únicamente en forma laminar en su microestructura, tienen el mismo patrón de fricción. Destacar que la única fundición que tiene grafito interdendrítico (fundición 7) tiene un patrón de fricción completamente diferente al resto.

BIBLIOGRAFÍA

[1] Coste H., "Cours elémentaire de fonderie", Syndicat General des Foudeurs de France, vol. 1, París

[2] Kotzin L., "Ezra. Metalcasting and Molding Processes". Des Plaines AFS, 1981

[3] Apraiz J., "Fundiciones", Patronato de publicaciones de la Escuela Técnica Superior de Ingenieros Industriales, Madrid, 1960

[4] "Apuntes para la Historia de la Siderurgia en Barakaldo", Asociación Hartu-emanak

[5] Ema Bastardin E., "Acero para estructuras de edificación", Empresa Nacional Siderúrgica S.A., 1990

[6] Merino C., "Metalotecnia. Aceros aleados, fundiciones y cobres", ETSIN Sección de publicaciones, Madrid

[7] Norma UNE-EN 1561. Fundiciones. Fundición gris

[8] Tartera J., Llorca-Isern N., Marsal M. y Bertrán G., "Los gérmenes de grafito. Parte I: Fundición gris", Fundidores, vol. 72, 1999, pp 49-56

[9] Kempers H.,Grahl J., "Fundición de grafito esferoidal", Fundición, vol. 112, pp 37-43, 1969

[10] Izaga J., Intxausti P. “Metalurgia de las fundiciones de hierro”, Artelan D.L., Zaragoza, 1993

[11] UNE-EN ISO 945-1. Designación de la microestructura de la fundición de hierro. Parte1: Clasificación del grafito por análisis visual

[12] Aleksandrov N.N., Klochnev N.I., “Production technology and properties of heat-resisting cast iron”, Israel Program for Scientific Translations, (1965)

[13] Blázquez V., “Metalografía de las aleaciones férreas”, E.T.S.I.I., 1991

[14] Davis J.R., “Cast Irons”, ASM International, 1996

[15] Fairhust W., Roehrig K., High Silicon Nodular Irons, Foundry Trade Journal, 146 (1979), 657-681

[16] Liu S.L., Loper C.R., Witter T.H., The role of graphitic inoculants in ductile iron, Transactions of the American Founfrymen´s Society, 100 (1992), 899-906.

[17] Castillo R., Bermont V., Martínez V., Relations between microstructure and mechanical properties in ductile cast irons: a rewiew, Revista de Metalurgia, 35 (1999), 329-334.

[18] Pero-Sanz J.A., “Materiales para ingeniería. Fundiciones férreas”, Dossat, 1994

[19] ASM Specially Handbook. Cast Irons

[20] Martínez F., "Tribología integral", Limusa, 2011

[21] Jost H.P., Jost report, "Departament of educaci6n and science", 1966

[22] Dowson D., "History of tribology", Profesional Engineering Publishing, London, 1998

[23] Reti L., "The Leonardo da Vinci codices in the Biblioteca Nacional of Madrid", Technol. and Cult., vol. 8, 1967

[24] Reynolds O., "On the action of lubricants, Report of the Fifty-Fourth Meeting of the British Association for the Advancement of Science", Montreal, 1884

[25] Reynolds O., "On the friction of journals, Report of the Fifty-Fourth Meeting of the British Association for the Advancement of Science", Montreal, 1884

[26] Abbot, E.J., Firestone F.A., "Specifying surface quality", Mech. Enging, 1993

[27] Greenwood, J.A., Williamson, J.B.P., "Contact of nominally flat surfaces" Proc. R. Soc., Londres, 1966

[28] Tomlinson "A molecular teory of friction", Phil. Mag., xlix 302-7

[29] Holm "The friction force over the real area of contact" wiss. Veröff. Siemens-werk, 17

[30] Electrical Contacts, Almqvist and Wiksells, Estocolmo

[31] Electric Contacs Handbook, 3ed, Springer-Verlag, Berlín

[32] Metallic transfer between sliding metals: an autoradiographic study, Proc. Real Society of London, 455-75

[33] Ferreiro L., García A., Varela A., Camba C., Mier J.L., Barbadillo F., Correlación entre los resultados obtenidos mediante diversas técnicas de ensayo de desgaste, XVIII Congreso Nacional de Ingeniería Mecánica

[34] M.J. Neale, M. Gee, Guide to wear problems and testing for industry, Willian Andrew Publishing, (2001)

[35] J. Muscara, M.J. Sinnott, Construction and evaluation of a versatile abrasive wear testing apparatus, Met. Eng. Q., 12 (1972), 21-32

[36] ASTM Standard G65-04, Standard Test Method for Measuring Abrasion Using The Dry Sand/Rubber Wheel Apparatus, ASTM International, West Conshohocken, PA (2010)

[37] ASTM Standard G77, Standard Test Method for Ranking Resistance of. Materials to Sliding Wear Using Block-on-Ring Wear Test, ASTM International, West Conshohocken, PA (2008)

[38] ASTM Standard G81, Standard Test Method for Jaw Crusher Gouging Abrasion Test, ASTM International, West Conshohocken, PA (2008)

[39] ASTM Standard G99-05(2010), Standard Test Method for Wear Testing with a Pin-on-Disk Apparatus, ASTM International, West Conshohocken, PA (2008)

[40] ASTM Standard G105-02(2007), Standard Test Method for Conducting Wet Sand/Rubber Wheel Abrasion Tests, ASTM International, West Conshohocken, PA (2008)

[41] ASTM Standard G132, Standard Test Method for Pin Abrasion Testing, ASTM International, West Conshohocken, PA (2008)

[42] ASTM Standard G133-05(2010), Standard Test Method for Linearly Reciprocating Ball-on-Flat Sliding Wear, ASTM International, West Conshohocken, PA (2008)

[43] ASTM Standard G137, Standard Test Method for Ranking Resistance of Plastic Materials to Sliding Wear Using a Block-On-Ring Configuration, ASTM International, West Conshohocken, PA (2008)

[44] ASTM Standard G174, Standard Test Method for Measuring Abrasion Resistance of Materials by Abrasive Loop Contact, ASTM International, West Conshohocken, PA (2008)

[45] ASTM Standard G176, Standard Test Method for Ranking Resistance of Plastics to Sliding Wear using Block-on-Ring Wear Test—Cumulative Wear Method, ASTM International, West Conshohocken, PA (2008)

[46] J.A. Hawk, R.D. Wilson, J.H. Tylczak, Ö.N. Dogan, Laboratory abrasive wear tests: investigation of methods and alloy correlation, Wear, 225-229 (1999), 1031-1042

[47] J.H. Tylczak, J.A. Hawk, R.D. Wilson, A comparison of laboratory abrasion and field wear results, Wear, 225-229 (1999), 1059-1069

[48] P.J. Blau, K.G. Budinski, Development and use of ASTM standards for wear testing, Wear, 225-229 (1999), 1159-1170

[49] I.R. Sare, A.G. Constantine, Development of methodologies for the evaluation of wear-resistant materials for the mineral industry, Wear, 203-204 (1997), 671-678

[50] J.D. Gates, Two-body and three-body abrasion: a critical discussion, Wear, 214 (1998), 139-146

[51] R. Blickensderfer, G. Laird II, A pin-on-drum abrasive wear test and comparison with other pin tests, J. Test. Eval., 16 (1988), 56-526

[52] M.A. Moore, A review of two-body abrasive wear, Wear, 27 (1974), 1-17

[53] F.C. Bond, Lab equipment and tests help predict metal consumption in crushing and grinding, Eng. Min. J., 165 (1964), 169-175

[54] Ashby M.F., “Materiales para ingeniería”, Reverté, Barcelona, 2008

[55] Chattopadhyay R., “Surface wear. Analysis, treatment, and prevention, ASM International, 2001

[56] Sarkar A.D., “Desgaste de metales”, Limusa

[57] Vázquez A.J., Damborenea J.J., “Ciencia e ingeniería de la superficie de los materiales metálicos”, Consejo Superior de Investigaciones Científicas, Madrid, 2000

[58] Garcia Diez, A.I. “Desarrollo de una aleación de base férrea resistente a la abrasión para uso de revestimientos de molinos de carbón”, Ferrol 2004

[59] Khruschov M.M., “Principles of abrasive wear”, Wear, vol. 28, 1974

[60] Rabinowick E. “Friction and wear of materials”. Jonh willey 6 Sons, Inc., U.S1A. 1995

[56] Zum Gahr K. H., "Abrasive wear of metallic materials", Z.F. Metallkd., vol.73, 1982

[62] Buckley D.H., "Adhesion of metals at a clean iron surface studied with LEED and auger emission spectroscopy", Wear, vol. 20, 1972

[63] Buckley D.H., Johnson R.L., "The influence of crystal structure and some properties of hexagonal metals on friction and adhesion", Wear, vol. 11, 1965

[564] Buckley D.H., "Surface effects in adhesion, frictions, wear and lubrication", Elservier, Amsterdam 1981

[65] Hirn G., "Sur les principaux phénomènes qui présentent les frottements médiats", Bull. Soc. ind. Mulhouse, vol 28, 1854

[66] Halling J., "A contribution to the theory of mechanical wear", Wear, vol 34, 1975

[67] Hammitt F.G., "Cavitation and liquid impact erosion in Wear control handbook" (M.B. Peterson and W.O. Winwr, eds.) ASME, New York, 1980

[68] Kalim M., vizintin J., "Use of ecuations for wear volume determination in fretting experiments", Wear, vol. 237, 2000

[69] Waterhouse R.B., Fretting wear, Wear, vol. 100, 1984, pp. 107-118

[70] Fisher T.E., "Tribochemistry", Ann. Rev. Mater, Sci., vol. 18, 1988

[71] Quinn T.F.J., "A review of oxidational wear", Part I, Tribology International, vol 16, 1983

[72] Quinn T.F.J., "A review of oxidational wear", Part II, Tribology International, vol 16, 1983

[73] García, A., Camba, C., Varela, A., Artiaga, R., Barbadillo, F., Zaragoza, S, Influencia de la rugosidad en el comportamiento al desgaste abrasivo, XVII Congreso Nacional de Ingeniería Mecánica, 1305-1311

[74] ASTM Standard G32, Standard Test Method for Cavitation Erosion Using Vibratory Apparatus, ASTM International, West Conshohocken, PA (2010)

[75] ASTM Standard G75-07, Standard Test Method for Determination Slurry Abrasivity (Miller Number) and Slurry Abrasion Response of Materials (SAR Number), ASTM International, West Conshohocken, PA (2008)

[76] ASTM Standard G76-07, Standard Test Method for Conducting Erosion Tests by Solid Particle Impingement Using Gas Jets, ASTM International, West Conshohocken, PA (2008)

[77] ASTM Standard G134-95(2010), Standard Test Method for Erosion of Solid Materials by a Cavitating Liquid Jet, ASTM International, West Conshohocken, PA (2008)

[78] Norma UNE 7-028-75. Determinación gravimétrica de silicio en aceros y fundiciones

[79] UNE-EN ISO 6892-1. Materiales metálicos. Ensayo de tracción. Parte 1: Método de ensayo a temperatura ambiente

[80] UNE-EN ISO 6506-1. Materiales metálicos. Ensayo de dureza Brinell. Parte1: Método de ensayo

RELACIÓN DE TABLAS

RELACIÓN DE FIGURAS

Printed by Books on Demand GmbH, Norderstedt / Germany